Das bietet Ihnen die CD-ROM

Checklisten

Die Checklisten zeigen alle Schritte auf, um die jeweiligen Controlling-Methoden in der Praxis umzusetzen.

Planungs- und Kalkulationstabellen

- Erfolgs-, Kostenstellen- und Deckungsbeitragsrechnung
- Liquiditätsplanung
- Investitions- und Wirtschaftlichkeitsberechnungen
- Prozesskostenrechnung
- Berichtswesen

Bibliografische Information Der Deutschen Nationalbibliothek

Die Deutsche Nationalbibliothek verzeichnet diese Publikation in der Deutschen Nationalbibliografie; detaillierte bibliografische Daten sind im Internet über http://dnb.d-nb.de abrufbar.

ISBN: 978-3-648-00293-3 Bestell-Nr. 01405-0004

4. Auflage 2010

Redaktionsanschrift: Fraunhoferstraße 5, 82152 Planegg/München
Telefon: (089) 895 17-0
Telefax: (089) 895 17-290
www.haufe.de
online@haufe.de
Lektorat: Dipl.-Kffr. Kathrin Menzel-Salpietro

Desktop-Publishing: Agentur: Satz & Zeichen, Karin Lochmann, 83071 Stephanskirchen
Umschlag: Kienle gestaltet, 70199 Stuttgart
Druck: Bosch-Druck GmbH, 84030 Ergolding

Zur Herstellung dieses Buches wurde alterungsbeständiges Papier verwendet.

Schnelleinstieg Controlling

von

Dr. Ursula Kück

4. Auflage

Haufe Mediengruppe
Freiburg · Berlin · München

Inhaltsübersicht

Vorwort

Zwei Jahre lang ruhte ein kolossaler Marmorblock im Innenhof der Kirche von Santa Maria del Fiore in Florenz. Simone, ein erfahrener Bildhauer und Zeitgenosse Michelangelos, hatte begonnen, ihn zu behauen, und dann entnervt aufgegeben. Nicht, weil das Material zu hart oder die Proportionen ungünstig waren. Der einzige Grund bestand darin, dass er die Vorstellung des im Stein „schlafenden" Davids verloren hatte.
Michelangelo, gerade 30 Jahre alt, unbefangen und ehrgeizig, sah den Stein und fertigte aus Wachs ein Modell eines Davids an, das die Maße des Steins und seine schon behauene Form berücksichtigte. Mit Holzbrettern baute er einen Verschlag gegen allzu neugierige Blicke und arbeitete drei Jahre lang besessen an der Verwirklichung. 1504 stand auf der Piazza della Signoria die vollendete Skulptur, weiß, mächtig und vollkommen, heute immerhin Anziehungspunkt für mehr als zwei Millionen Besucher jährlich.
Der Unterschied in der Herangehensweise beider Bildhauer war nur gering, aber entscheidend: Michelangelo hatte eine exakte Vorstellung!
Ich bin entschieden dagegen, ausschließlich Künstlern Kreativität zuzusprechen, es würde die Übrigen unerlaubt entlasten. Das Beispiel Michelangelos könnte aber, sorgfältig analysiert, Bedingungen klären, die für die verallgemeinerte Situation eines Prozesses von der Vision zur Wirklichkeit notwendig sind.
Michelangelo könnte eines Tages blinzelnd vor dem Marmorblock im Innenhof der Kirche in der Sonne gestanden haben, als ihm die Idee kam. Diesen Augenblick, den die Künstler gerne im Nebel des Musenkusses belassen, um profanere Erklärungen zu vermeiden, lohnt es sich, mit Muße anzuschauen. Dieser Augenblick hat den Reichtum der Langeweile und die Geschwindigkeit des Schlenderns.
Michelangelo ließ zu, dass ihn seine Gedanken ein Stück weit tragen, danach war er Sklave seiner Idee, Erfüllungsgehilfe seiner Fan-

tasie. Dafür stellte er ein Messgerät her: das Modell, und fand einen Weg, Vision und Marmorblock anzugleichen.
Diesen Weg beschreibt das Buch von Ursula Kück, vom Plan zur Wirklichkeit, von der verwegenen Idee zum gelungenen Unternehmen. Dabei gelingt es ihr, die Muse zu überzeugen, nicht nach dem ersten Kuss zu verschwinden, sondern den Prozess der Verwirklichung als Ganzes wohlwollend zu begleiten.
Ich wünschte mir, ich hätte das Buch schon viel früher gelesen.

Köln, im Februar 2003 *Sebastian Probst, Bildhauer*

Leserstimmen zur 1. und 2. Auflage

„Mithilfe dieses Buches konnten wir das bestehende Controlling so weiterentwickeln, dass wir jetzt ein komplettes Planungs-, Abrechnungs- und Analysesystem haben, das uns aufschlussreiche Informationen über den Erfolg und die Liquidität unseres Geschäfts liefert."

Ghyslain Tröscher, Controlling Miro Entertainment GmbH (Künstler-/Veranstaltungsagentur), Köln

„Gerade erst selbstständig und alle Risiken im Griff? Das geht nicht! Dieses Buch hat mir aber sehr geholfen, die Probleme zu bewältigen. Vielen Dank, Frau Dr. Kück!"

Michaela Steinmann, Inhaberin Atempause – Frauen Fitness, Köln

„Unsere Nachwuchskräfte, die in einem 4-moduligen Managementprogramm ihr unternehmerisches Know-how aufbauen, erhalten das Buch von Frau Dr. Kück als wichtige Basislektüre zum tieferen Verständnis relevanter Controllingaspekte."

Dipl.-Päd. Bernd Dieschburg, Personalmanagement Heraeus Holding GmbH, Hanau

„Schon während der Einführung der Controllinginstrumente nach dem Buch von Frau Kück konnten erste Vorschläge erfolgreich umgesetzt werden."

Dipl.-Kffr. Gabi Ansorge, Vorstandsvorsitzende der Stiftung PHÄNOMENTA, Lüdenscheid

„Welch rascher Einblick und welch gelungene Vermittlung der wichtigsten Instrumente des operativen Controlling! Nichts für Theoretiker, aber für alle, die (endlich) den Durchblick im Controlling haben wollen – also auch für viele Studenten der BWL. Besonders empfehlen möchte ich das Buch von Frau Kück den Machern in kleinen und mittleren Unternehmen, die auf Basel II schimpfen und für das Rating Controlling-Instrumente einführen „müssen" (und noch gar nicht wissen, welche positiven Auswirkungen dies für ihr Unternehmen haben wird)."

Prof. Bienert, Ennepetal

„Das Buch „Schnelleinstieg Controlling" von Frau Prof. Dr. Ursula Kück bietet für Neulinge auf dem Gebiet des Controllings einen idealen Einstieg ..."

Dipl.-Kfm. Christof Müller, Bielefeld

„Das Buch ist der perfekte Einstieg für alle Controlling-Anfänger, die sich mit der Materie ganzheitlich und schnell vertraut machen wollen. Aber auch der erfahrene Controller wird an vielen Stellen des Buches merken, dass Frau Dr. Kück (bisher scheinbar) schwierige und komplexe Zusammenhänge auf sehr anschauliche und ansprechende Weise „rüberbringt". Das Buch gleitet zu keinem Zeitpunkt – trotz seines „Übersichts- und Einstiegscharakters" – in die Oberflächlichkeit ab. Ebenfalls erwähnenswert sind sowohl die sehr gut verständlichen Praxis-Beispiele im Buch als auch die auf der CD-ROM zur Verfügung gestellten Hilfsmittel für den Controller-Alltag. Sehr gut!"

Dipl.-Ing. Dipl.-Wirtsch.-Ing. Ralf Ensmann, Köln

A Einleitung

Dieses Buch soll den oft sperrigen Zugang zum Thema Controlling für Sie erleichtern. Es ist ein praxisbezogenes Buch, das auf den vielfältigen Erfahrungen der Verfasserin als Controllerin, kaufmännische Leiterin und Beraterin beruht. Sturmerprobte Beispiele aus ihrer Lebenswelt vereinfachen den Zugang zu diesem facettenreichen Thema. Theoretische Modelle stehen eher im Hintergrund.

1 Controlling ist lernbar

Controlling ist keine hohe Kunst, es ist lernbar. Es bedeutet hauptsächlich, Daten für die Steuerung des Unternehmens zu erfassen und aufzubereiten. Schon ein Haushaltsbuch im privaten Bereich ist eine einfache Form des Controlling. Controlling sorgt für Transparenz und Transparenz macht Spaß. „Man weiß, wie man dran ist."
Entgegen der gängigen Einschätzung hat Controlling sehr viel mit „gesundem Menschenverstand" und Logik zu tun und nichts mit hoher Mathematik. Sie benötigen nicht viel mehr dazu als die Grundrechenarten. Dabei verfolgt das Buch durchaus einen ehrgeizigen Anspruch und wendet sich an jeden, der:

- endlich verstehen möchte, was es mit Controlling auf sich hat,
- eine Anleitung zum Aufbau eines kompletten Controlling in einem Unternehmen benötigt,
- bestehende Controlling-Instrumente erweitern, überprüfen und verfeinern möchte.

Insofern sind besonders auch Führungskräfte und Controller in der Wirtschaft angesprochen. Kleine und mittelständische Unternehmen vernachlässigen es gerne, geeignete Controlling-Instrumente zu entwickeln, weil sie angeblich zu zeitaufwändig sind. Sie können sehr von diesem Buch profitieren. Existenzgründern wird der „Schnelleinstieg Controlling" von großem Nutzen sein. Auch für

Studenten, die sich praktisches Basiswissen aneignen wollen, ist das Buch als Einstieg äußerst hilfreich.
Der Aufbau des Buchs ermöglicht es, ohne allzu große Verständniseinbußen über jedes Kapitel einzusteigen. Sie brauchen es nicht von Anfang bis Ende zu lesen. Suchen Sie sich das Kapitel aus, das Sie am meisten interessiert. Auf der beigefügten CD-ROM stehen alle notwendigen Tabellen im Excel-Format zur Verfügung.
Da heute Service überall groß geschrieben wird, ist der in der einschlägigen Literatur oft vernachlässigte Dienstleistungsbereich besonders berücksichtigt worden. Selbstverständlich werden aber alle Branchen und Betriebsgrößen einbezogen.
Controlling ist in aller Munde. Bestimmt kann es Spaß machen, sich die Inhalte zu erarbeiten. Dazu sollen auch die zur Auflockerung eingefügten Karikaturen beitragen. Die Verfasserin wünscht den Leserinnen und Lesern einen guten Zugang zu diesem vielseitigen Wissensgebiet und viel Erfolg bei der Umsetzung!

2 Unternehmen steuern

Controlling hat in den letzten Jahren eine immer größere Bedeutung erlangt. Viele, auch kleinere Unternehmen haben erkannt, dass die meisten Controlling-Aufgaben für ein Unternehmen, das dem ständigen Wettbewerb ausgesetzt ist, unverzichtbar sind. Auch Basel II und die Ratings der Banken fordern ihren Tribut. Die Zahl der Stellenanzeigen für Controller ist dementsprechend hoch.
Dennoch gibt es häufig Missverständnisse über die Inhalte des Controlling, nicht zuletzt, weil es keine gesetzlichen oder anderweitig festgesetzte Regeln für das Controlling gibt. Es haben sich zwar Methoden und Einstellungen etabliert, aber letztlich ist jedes Unternehmen in der Ausgestaltung seines Controlling frei. Es handelt sich eben um ein internes betriebswirtschaftliches Instrumentarium, das nicht wie das externe Rechnungswesen (Bilanz, Gewinn- und Verlustrechnung) klar und eindeutig gesetzlich geregelt ist.
Aufgrund seiner Bezeichnung wird Controlling im deutschsprachigen Raum häufig als Kontrolle missverstanden. Das Missverständnis wird noch durch Controller verstärkt, die ihre Tätigkeit stark auf diesen einen Aspekt des Controlling fokussieren. Die anderen Auf-

gaben: Planung (Zielfindung), Information, Koordination, Innovation, Systementwicklung und -pflege geraten schnell in den Hintergrund. Dass „to control" ins Deutsche übersetzt nicht „kontrollieren", sondern eher „steuern" heißt, wird häufig übersehen. Dabei trifft die Bedeutung „steuern" genau den Kern des Controlling.

Obwohl der Begriff des Controlling ursprünglich aus dem angloamerikanischen Raum übernommen wurde, ist er dort heute nicht mehr üblich. Vielmehr wird dort von „Management Accounting" gesprochen, das als ergänzender Gegenpol zum „Financial Accounting" gesehen wird. Auch bei uns werden diese beiden Gegenpole noch klar unterschieden als internes Rechnungswesen (Kostenrechnung und Controlling) und externes Rechnungswesen (Finanzbuchhaltung). Durch die wachsende Ausrichtung an internationalen Rechnungslegungsstandards (IFRS) rücken sie aber in letzter Zeit näher zusammen – um genau zu sein, kommt das externe dem internen Rechnungswesen näher.

Die Ursprünge des heutigen Controlling in Unternehmen sind nicht einmal 100 Jahre alt, auch wenn der Begriff des „Comptrollers" im angelsächsischen Raum schon seit dem 16. Jahrhundert bekannt ist und manche Autoren davon sprechen, dass die Ägypter, die den Materialeinsatz beim Bau der Pyramiden überwacht haben, die ersten Controller gewesen seien.

Das operative Controlling, um das es in diesem Buch geht, greift auf Daten des externen Rechnungswesens und aller Abteilungen des Unternehmens zurück und verarbeitet sie zu einem umfassenden Steuerungsinstrumentarium. Es stellt damit eine innerbetriebliche „Servicestation" dar, die Informationen als Entscheidungsgrundlage für die Geschäftsführung und andere Mitarbeiter des Unternehmens beschafft und aufbereitet, Empfehlungen formuliert und zwischen Abteilungen und Hierarchieebenen koordiniert und moderiert. Der Controller muss alle diese Aufgaben kompetent erfüllen können. Aus diesem Grund sind die Anforderungen an ihn sehr hoch.

3 So nutzen Sie dieses Buch

Am Anfang jedes Kapitels steht ein Alltagsbeispiel, damit Sie schnell und leichtfüßig in das Thema einsteigen. Nach der Zusammenfassung am Ende des Abschnitts folgt eine Checkliste, in der die wichtigsten Teilschritte, die zu durchlaufen sind, um die jeweilige Controlling-Methode in die Praxis umzusetzen, noch einmal kurz und prägnant aufgelistet sind. Die Vermerke „Checkpoint" am Seitenrand helfen Ihnen, die zu den einzelnen Checklistenpunkten gehörenden Erläuterungen innerhalb der jeweiligen Kapitel schnell zu finden. Die Nummern der Randvermerke korrespondieren mit den Nummern der Checklistenpunkte.

Mit dem Buch erhalten Sie außerdem eine CD-ROM, auf der die im Text aufgeführten Tabellen im Excel-Format enthalten sind. Sie finden die gesuchte Tabelle in der Excel-Datei des jeweiligen Kapitels unter dem Namen, der am Seitenrand im Text neben der Tabelle vermerkt ist.

Die Zahlenwerte in den Excel-Dateien weichen teilweise geringfügig von den Zahlen in den Texttabellen ab. Das ist beabsichtigt: Die Zahlen in den Texttabellen sind mit dem Taschenrechner nachrechenbar. Daher sind einige Werte gerundet worden. In den Excel-Tabellen wurden keine Rundungen vorgenommen, da die Tabellenfelder mit Rechenformeln ausgefüllt sind. Damit können Sie jederzeit den Rechenweg nachvollziehen, falls Ihnen die Erläuterung im Text einmal nicht genügen sollte. Außerdem können Sie so jede Excel-Tabelle sofort nach wenigen Anpassungen individuell für Ihre Zwecke benutzen. Unter dem Dateinamen „K Berichtswesen" sind alle Tabellen, die Sie für Ihr eigenes Controlling nutzen können, noch einmal gesammelt enthalten.

In dem Buch wird häufig von Mitarbeitern, Controllern usw. gesprochen. Dabei wurde meistens darauf verzichtet, die weibliche Person zusätzlich zu erwähnen. Ich habe lange mit mir gerungen, ob ich damit nicht die Leser**innen** dieses Buchs abschrecke oder verärgere. Da ich selbst beim Lesen aber immer über Doppelendungen oder die „Groß-I-Darstellung" (LeserInnen) stolpere, bin ich dieses Risiko zu Gunsten der flüssigen Leseweise eingegangen. Ich hoffe, die Leserinnen werden mir das nachsehen.

Aus dem gleichen Grund habe ich auf Literaturhinweise im laufenden Text verzichtet. Am Ende des Buchs finden Sie ein kurzes Literaturverzeichnis, in dem Werke aufgeführt sind, mit denen Sie die Inhalte des Buchs vertiefen können. Das Buch ist – soweit irgend möglich – bewusst „unwissenschaftlich" gehalten. Das heißt, es wurden hier und da auch die wissenschaftliche Exaktheit und Vollständigkeit der pragmatischen Anwendung und der Verständlichkeit geopfert. Wer tiefergehende Kenntnisse erlangen will, sollte sich zusätzlich mit weiterführender Literatur versorgen.

B Der Unternehmenserfolg

1 Warum Sie eine Erfolgsrechnung brauchen

Vincent van Gogh konnte zu Lebzeiten fast keines seiner Werke verkaufen. Da er „Tag und Nacht" malte, hatte er aber auch keine Zeit, seinen Lebensunterhalt anderweitig zu verdienen. Sein Bruder Theo glaubte an das Genie seines Bruders und hatte ihn jahrelang von seinem eigenen Einkommen unterstützt. Eine Zeitlang hatte er Vincent monatlich 150 Francs zukommen lassen. Dieses Geld sollte sich Vincent einteilen, um damit einen Monat lang auszukommen. Meistens hatte er aber schon mehrere Tage vor Ende des Monats die 150 Francs für Malmaterial ausgegeben und musste die letzten Tage von Schwarzbrot und Kaffee leben.

Nachdem die beiden Brüder das einige Monate praktiziert hatten, vereinbarten sie eine neue Lösung, nämlich dass Theo an Vincent alle zehn Tage 50 Francs schickt. Auch diese Lösung half nichts, da Vincent, während er auf die nächsten 50 Francs wartete, auf Kredit lebte und diesen, sobald das Geld eintraf, erst wieder zurückzahlen musste, bevor er neues Material und Essen kaufen konnte. Am Ende reichte das Geld nie.

Vielleicht wünschen Sie sich manchmal, auch ein bisschen so zu leben wie Vincent van Gogh. Wenn es um die Führung eines Unternehmens geht, sind Sie aber nicht nur für sich selbst, sondern möglicherweise auch für einige Angestellte und für den Erfolg des Unternehmens mit verantwortlich und können nicht einfach „in den Tag hinein leben". Offensichtlich hat Vincent van Gogh nie nachgerechnet, wie viel er bereits von dem zur Verfügung stehenden Geld ausgegeben hatte und wie viel noch für den Rest des Monats übrig war, sondern er hat immer das gekauft, was er zum Malen gerade brauchte, ohne darauf zu achten, dass es zum Essen nicht mehr reichen würde.

Für die Unternehmensführung ist es notwendig, ständig die Übersicht zu haben, welche finanziellen Mittel für einen Zeitraum zur Verfügung stehen, wie viel davon bereits verbraucht wurde und wie viel noch für den Rest des Zeitraums benötigt wird. Außerdem wollen Sie vermutlich auch wissen, wie groß der Erfolg in diesem Zeitraum war, d. h. was von den erwirtschafteten Mitteln nach Abzug aller Kosten als Ergebnis übrig bleibt. Dazu genügt es nicht, sich einmal im Jahr einen Überblick zu verschaffen, da es dann bereits zu spät für Gegenmaßnahmen ist. Deshalb ist es wichtig, sich monatlich oder zumindest jedes Quartal zu informieren.

Wie ermitteln Sie den Erfolg Ihres Unternehmens? Sind Sie der Meinung, dass der Gewinn, den Ihr Steuerberater oder Ihre eigene Buchhaltung Ihnen jedes Jahr aus der Gewinn- und Verlustrechnung (oder Einnahmen-/ Überschussrechnung) ermittelt, Ihren Unternehmenserfolg widerspiegelt? Können Sie mit dieser Gewinn- und Verlustrechnung Ihr Unternehmen steuern?

Die Gewinn- und Verlustrechnung reicht **nicht** aus, um ein Unternehmen zu steuern. Die drei folgenden Gründe sind dafür verantwortlich:

1. Die Gewinn- und Verlustrechnung wird nur einmal im Jahr aufgestellt. Wenn Sie erst im März des Folgejahres oder später wissen, wie das vergangene Jahr gelaufen ist, ist es schon fast zu spät, um im laufenden Jahr noch „den Hebel umzulegen". Für das letzte Jahr können Sie schon gar nichts mehr tun. Sie benötigen zusätzlich zu der jährlichen Gewinn- und Verlustrechnung noch eine Monats- oder zumindest eine Quartals-Erfolgsrechnung.
2. Die Gewinn- und Verlustrechnung zeigt Ihnen nicht die verfügbaren flüssigen Mittel Ihres Unternehmens. Dazu benötigen Sie zusätzlich eine Liquiditätsrechnung (s. Kapitel H).
3. Die Gewinn- und Verlustrechnung gehört zum **externen** Rechnungswesen. Sie ist für externe Interessenten gedacht (u. a. auch für Betriebsprüfer) und unterliegt in ihrer Gestaltung gesetzlichen Vorschriften, Da diese Vorschriften u. a. steuerrechtlich motiviert sind, sind sie inhaltlich oft nicht geeignet, ein realitätsgetreues Abbild des Unternehmens abzugeben und bilden damit keine gute Basis zur Steuerung des Unternehmens. Die fortschreitende Angleichung des deutschen externen Rechnungswesens an die internationalen Rechnungslegungsstandards (IFRS) trägt dieser Tatsache Rechnung, da mit ihr eine Annäherung des externen an das interne Rechnungswesen erfolgt.

Aus dem gleichen Grund geben sich auch Investoren bei geplanten Firmenkäufen selten mit den Geschäftsberichten (Gewinn- und Verlustrechnung, Bilanz und Lagebericht) zufrieden, sondern schauen zusätzlich in die **interne** Erfolgsrechnung, um die „wahren" Zahlen für ihre Entscheidung zu erhalten (Stichwort Due Diligence). Die Erfolgsrechnung verfolgt den einzigen Zweck, Sie und vielleicht interessierte Dritte über den tatsächlichen Status Ihres Unternehmens wahrheitsgemäß zu unterrichten. Bedeutet das, dass die Gewinn- und Verlustrechnung nicht das wahrheitsgemäße Bild des Unternehmens wiedergibt? Natürlich entspricht die Darstellung allen gesetzlichen Vorgaben und ist damit korrekt. Aber wenn die legalen Möglichkeiten des Steuerrechts ausgenutzt werden, kann es tatsächlich sein, dass sie nicht die realen Verhältnisse widerspiegelt.

Dazu ein kurzes Beispiel:

Wenn Sie Ihren PC steuerrechtlich über drei Jahre abschreiben müssen, Sie aber genau wissen, dass Sie sich alle zwei Jahre ein neues Gerät anschaffen, um auf dem neuesten Stand zu sein, werden Sie in der Gewinn- und Verlustrechnung Abschreibungen über drei Jahre verteilen (müssen), in der internen Erfolgsrechnung aber nur über die tatsächliche Nutzungsdauer von zwei Jahren. Orientieren Sie sich an der Gewinn- und Verlustrechnung, zeigt sie Ihnen in den ersten zwei Jahren weniger Kosten an, als Sie tatsächlich haben. Der ausgewiesene Gewinn ist in dieser Höhe eigentlich gar nicht vorhanden. Wenn Sie Ihre Unternehmenssteuerung an der Gewinn- und Verlustrechnung ausrichten, könnte das zu schwerwiegenden Fehlentscheidungen führen.

2 Wie bauen Sie Ihre Erfolgsrechnung auf?

2.1 Leistungsarten

Eine Erfolgsrechnung stellt Leistungen (im Wesentlichen Umsätze) und Kosten gegenüber und ermittelt daraus den Unternehmenserfolg:

Leistungen – Kosten = Unternehmenserfolg.

Die Umsätze können Sie aus der Finanzbuchhaltung in die Erfolgsrechnung übernehmen. Das geht auch ohne große Schwierigkeiten öfter als einmal im Jahr. Andere Erträge in der Finanzbuchhaltung werden nicht automatisch in die Erfolgsrechnung aufgenommen. So sind z. B. Mieteinnahmen aus Mietwohnungen, die ein Maschinenbauer als Kapitalanlage besitzt oder Erträge aus spekulativ gehaltenen Wertpapieren nicht in die Erfolgsrechnung aufzunehmen, weil sie nicht zum eigentlichen Betriebszweck gehören und deshalb einen sog. „neutralen Ertrag“ darstellen. In die Erfolgsrechnung werden nur Erträge übernommen, die dem eigentlichen Betriebszweck entstammen, also beim Maschinenbauer nur die Erträge aus dem Verkauf seiner Maschinen.

2.2 Kostenarten

Welche Kosten fallen in Ihrem Unternehmen an?
Wenn Ihr Unternehmen nicht mehr in der Gründungsphase ist und Sie bereits eine Finanzbuchhaltung haben, können Sie viele Aufwandspositionen, wie z. B. Personalaufwendungen, Abschreibungen etc., als Kosten in die Erfolgsrechnung übernehmen.

Checkpoint 1

Gründen Sie ein neues Unternehmen, bauen Sie, gegebenenfalls zusammen mit Ihrem Steuerberater, die Finanzbuchhaltung mit den entsprechenden Aufwandspositionen ganz neu auf. Nehmen Sie dazu den Kontenrahmen zu Hilfe, den Ihr Steuerberater verwendet. Dort werden eine Vielzahl von möglichen Aufwandspositionen vorgeschlagen, aus denen Sie sich diejenigen heraussuchen können, die Ihnen für Ihr Unternehmen zweckmäßig erscheinen. Oder Ihr Steuerberater schlägt Ihnen passende Aufwandspositionen vor.
Die folgende Tabelle zeigt typische Aufwandsarten, die für nahezu alle Unternehmen relevant sind.

Aufwandsarten

Aufwandsarten
Materialaufwand Handelsware Fremdleistungen
Personalaufwendungen
Mietaufwendungen
Energieaufwendungen
Kfz-Aufwendungen
Reiseaufwendungen
Werbeaufwendungen
Verpackungsaufwendungen
Abschreibungen
Reparatur, Instandhaltung
Büromaterial, Telefon, Porto etc.
Rechtsberatung, Unternehmensberatung
Versicherungsbeiträge
sonstige betriebliche Aufwendungen
Neutrale Aufwendungen
Zinsaufwendungen
Steuern

Die erste Position enthält den „Materialaufwand" für produzierende Unternehmen, „Handelsware" für den Handel und „Fremdleistungen" für Dienstleistungsunternehmen. Es können in Ihrem Unternehmen auch alle drei Positionen relevant sein. Die Liste ist nur ein Vorschlag. Wenn Sie zusätzliche Positionen aufnehmen oder andere weglassen möchten, weil es in Ihrem individuellen Fall sinnvoll ist, sollten Sie das natürlich tun.
Die einmal für die Finanzbuchhaltung festgelegten Aufwandspositionen sollten nicht zu oft verändert werden, damit sie kontinuierlich nachverfolgt werden können.
Nicht alle Aufwandspositionen können genau so, wie sie in der Finanzbuchhaltung geführt werden, als Kostenposition für die Erfolgsrechnung übernommen werden, Es gibt:

- Aufwendungen, die in der gleichen Höhe übernommen werden, sog. **Grundkosten**,
- Aufwendungen, die in der Höhe neu kalkuliert werden müssen, sog. **Anderskosten**, und
- Aufwendungen, die gar nicht in die Erfolgsrechnung aufgenommen werden, die **neutralen Aufwendungen**.
- Außerdem gibt es Kosten, die in der Finanzbuchhaltung nicht vorhanden sind, die aber in einer Erfolgsrechnung enthalten sein sollten, das sind die sog. **Zusatzkosten**.

Analog sind die Abgrenzungen für die Leistungen vorzunehmen (Grundleistungen, Andersleistungen, neutrale Erträge und Zusatzleistungen).

Kosten-/ Aufwandsarten	werden in der Erfolgsrechnung ...	werden in der Finanzbuchhaltung ...
Grundkosten	... geführt	... **in gleicher Höhe** geführt
Anderskosten	... geführt	... **in anderer Höhe** geführt
Neutrale Aufwendungen	... **nicht** geführt	... geführt
Zusatzkosten	... geführt	... **nicht** geführt

Grundkosten

Checkpoint 2

Beim Aufbau der Erfolgsrechnung sind die Grundkosten am einfachsten festzulegen. Sie übernehmen einfach (per DV oder manuell) die entsprechenden Positionen aus der Finanzbuchhaltung so, wie sie dort angegeben sind. Auf welche Aufwandspositionen das in einem Unternehmen zutrifft, ist individuell verschieden. Materialaufwand, Einkauf von Handelsware und Aufwendungen für Fremdleistungen stellen aber z. B. meistens Grundkosten dar. Die in der Finanzbuchhaltung gebuchten Beträge können in der Regel einfach übernommen werden. Wenn Sie aber z. B. regelmäßig im Juni jedes Jahres Urlaubsgeld an Ihre Mitarbeiter auszahlen, wird dieser Betrag in der Finanzbuchhaltung auch im Juni gebucht. In der Erfolgsrechnung sollten Sie solche Einmalzahlungen gleichmäßig auf alle Monate verteilen, weil jeder Monat seinen Anteil an dieser Sonderzahlung tragen muss. Daher sind Urlaubsgeldzahlungen Anderskosten.

Anderskosten

Checkpoint 3

Neben den Urlaubsgeldzahlungen sind oft auch Abschreibungen Anderskosten, weil in der Finanzbuchhaltung manchmal aus steuerlichen Gründen über einen anderen Zeitraum abgeschrieben wird, als es der erwarteten Nutzungsdauer entspricht. Die Neubewertung dieser Kostenpositionen erscheint aufwändig, ist aber notwendig, da Sie mit der Erfolgsrechnung ein realistisches Bild der Unternehmenssituation erhalten wollen.

Neutrale Aufwendungen

Checkpoint 4

Neutrale Aufwendungen sind entweder

- betriebsfremd, d. h. nicht durch den eigentlichen Betriebszweck entstanden, wie z. B. Spenden an gemeinnützige Organisationen oder
- außerordentlich, d. h. durch einmalige nicht vorhersehbare Ereignisse entstanden, wie z. B. die Aufwendungen für einen Lagerhallenbrand oder
- periodenfremd, wie z. B. Steuernachzahlungen aus Vorjahren.

Neutrale Aufwendungen gehören nicht in die Erfolgsrechnung, weil sie das Bild des „normalen“ Geschäftsbetriebs verschleiern würden.

Zusatzkosten

Checkpoint 5

Typische Beispiele für Zusatzkosten sind kalkulatorische Zinsen auf das Eigenkapital sowie der kalkulatorische Unternehmerlohn. Der kalkulatorische Unternehmerlohn stellt eine realistische Vergütung der Arbeitsleistung des Einzelunternehmers dar, die nicht als Gehalt ausgezahlt wird (daher kein Aufwand ist), aber kalkulatorisch in der Erfolgsrechnung berücksichtigt werden sollte. Nur so kann der Unternehmer kontrollieren, ob der normale Geschäftsprozess in der Lage ist, seine Arbeitsleistung angemessen zu entlohnen.

Die kalkulatorischen Zinsen auf das Eigenkapital werden ebenfalls nicht als solche ausgezahlt (daher kein Aufwand). Sie sollen garantieren, dass das vom Unternehmer eingesetzte Kapital angemessen verzinst wird. Ob das so ist, kann er nur feststellen, wenn er diese Position in die Erfolgsrechnung integriert.

Wenn Sie alle Kostenpositionen, die Sie in Ihrer Erfolgsrechnung verwenden wollen, festgelegt haben, überprüfen Sie noch einmal, ob Ihre Auswahl zweckmäßig ist oder ob Sie einzelne Kostenpositionen tiefer untergliedern wollen bzw. zusammenfassen können.

Stellen Sie nun alle Leistungspositionen und alle Kostenpositionen gegenüber. Die Differenz aus den gesamten Leistungen und den gesamten Kosten ergibt den Erfolg Ihres Unternehmens. Gibt es in Ihrem Unternehmen Bestandsveränderungen, müssen Sie diese zusätzlich berücksichtigen. Auch wenn der Begriff „Bestandsveränderungen“ es zunächst nicht vermuten lässt, ist das folgende Kapitel auch für Dienstleistungsunternehmen relevant.

2.3 Bestandsveränderungen

Checkpoint 6

Bei einem Produktions- oder einem Handelsunternehmen leuchtet sofort ein, wie es zu Bestandsveränderungen kommen kann. Ein Produktionsunternehmen, das jeden Monat eine gleichmäßige Produktionsauslastung gewährleisten will, baut Lagerbestände an Halb- und Fertigfabrikaten auf, wenn die Umsätze saisonal ungleichmäßig

anfallen. Das Gleiche gilt für ein Handelsunternehmen, das Lagerbestände aufbaut, weil es nicht immer nur genau das vorhalten kann, was im selben Monat voraussichtlich verkauft werden soll.
Da Dienstleistungsunternehmen nicht „auf Lager produzieren" können, könnte man annehmen, bei ihnen gäbe es keine Bestandsveränderungen. Das ist aber nicht richtig. Dienstleistungen können zwar nicht auf Vorrat produziert und gelagert werden, aber ihre Erstellung kann sich durchaus über mehrere Monate oder manchmal sogar über Jahre erstrecken, bis sie in Rechnung gestellt werden. Das Gleiche gilt für die Einzelauftragsfertigung. Auch diese Projekte erstrecken sich meist über einen längeren Zeitraum. In der Zwischenzeit fallen aber bereits Kosten an, bevor der zugehörige Umsatz erwirtschaftet wird.
Ein Beispiel: Ein Ingenieurbüro hat einen Auftrag für ein Bauprojekt angenommen, das sich über mehrere Monate erstreckt. Solange keine Rechnung oder Teilrechnung erstellt wird, wird über Monate ein „Bestand" an unfertigen Projekten aufgebaut, der erst im Monat der Rechnungsstellung wieder abgebaut wird. In allen Fällen (auch im Produktions- oder Handelsunternehmen) führen diese noch nicht abgerechneten Kosten zu Bestands**erhöhungen**, mit der Rechnungsstellung dann zu einer entsprechenden Bestands**minderung**.
Stellen Sie monatlich nur die **abgerechneten** Umsätze und die **tatsächlich angefallenen** Kosten gegenüber, sind die Kosten in den Monaten, in denen vorproduziert wird, zu hoch, weil ihnen noch kein Umsatz gegenübersteht. In dem Monat, in dem dann die Rechnung oder eine Teilrechnung gestellt wird, sind die Kosten zu niedrig, weil sie bereits vorher erfasst wurden. So entsteht der Eindruck, in den „Kostenmonaten" habe das Unternehmen wenig Erfolg gehabt (hohe Kosten, aber wenig Umsatz) und im Abrechnungsmonat sehr großen Erfolg (niedrige Kosten, aber hoher Umsatz). Belässt man es bei dieser Gegenüberstellung, ist keine Aussage mehr über den tatsächlichen Erfolg des Monats möglich. Dies ist übrigens keine Besonderheit des internen Rechnungswesens. Für die externe Gewinn- und Verlustrechnung ist es sogar vorgeschrieben, Bestandsveränderungen zu erfassen, weil sonst Gewinne in falsche Perioden verschoben werden könnten.

Zahlenbeispiel zu Bestandsveränderungen:

Angenommen, in den Monaten Januar und Februar fallen in Ihrem Unternehmen deutlich unterschiedliche Umsätze an: Der Januar ist ein „schwacher" Monat, der Februar ein „starker" Monat. Da Sie eine gleichmäßige Auslastung der Mitarbeiter und Maschinen anstreben, produzieren Sie im Januar für den Februar teilweise vor. Damit fallen in beiden Monaten gleich hohe Kosten an. Übertragen auf ein Dienstleistungsunternehmen würde bereits im Januar an Februar-Projekten gearbeitet; im Handel würden bereits im Januar Waren auf Lager gelegt, um im Februar lieferfähig zu sein.

Erfolgsrechnung ohne Berücksichtigung von Bestandsveränderungen			
	Januar Euro	**Februar Euro**	**Gesamt Euro**
Umsatz	1.000.000	2.000.000	3.000.000
Kosten	-1.200.000	-1.200.000	-2.400.000
Erfolg	**-200.000**	**800.000**	**600.000**

Es sieht so aus, als sei der Januar schlecht gelaufen (mit einem Verlust von 200.000 Euro) und der Februar sehr gut (Erfolg von 800.000 Euro). In den Kosten des Januar in Höhe von 1.200.000 Euro sind aber bereits Kosten für den Februar-Umsatz enthalten. Angenommen, 400.000 Euro der Kosten von Januar sind für Produkte oder Projekte angefallen, die erst im Februar abgesetzt wurden. Diese Kosten erhöhen den bewerteten Bestand an Fertigfabrikaten oder unfertigen Projekten im Januar. In genau der gleichen Höhe wird der Bestand im Februar wieder vermindert, wenn die Produkte oder die Leistungen verkauft werden.

Erfolgsrechnung mit Berücksichtigung von Bestandsveränderungen			
	Januar Euro	**Februar Euro**	**Gesamt Euro**
Umsatz	**1.000.000**	**2.000.000**	**3.000.000**
Bestandserhöhung	+400.000		+400.000
Bestandsminderung		-400.000	-400.000
Gesamtleistung	**1.400.000**	**1.600.000**	**3.000.000**
Kosten	-1.200.000	-1.200.000	-2.400.000
Erfolg	**200.000**	**400.000**	**600.000**

Das Zwischenergebnis **nach Korrektur** durch die Bestandsveränderungen nennt man „Gesamtleistung". An der Summe der Erfolge der beiden Monate hat sich nichts verändert, nur an der Aufteilung auf die beiden Monate. Durch die Bestandserhöhung im Januar wurde der Erfolg des Januar um 400.000 Euro erhöht, durch die Bestandsminderung im Februar wurde der Erfolg des Februar um 400.000 Euro vermindert.

Jetzt können Sie auch erkennen, dass in beiden Monaten gute Erfolge erzielt wurden. Gemessen an der Umsatzrendite (Erfolg : Umsatz) haben beide Monate sogar gleich gut abgeschnitten, nämlich mit einer Umsatzrendite von 20 %.

Ein weiterer Fall für diese „Verschiebetechnik" sind aktivierte Eigenleistungen. Wenn Sie z. B. als Anlagenbauer eine Maschine für Ihre eigene Verwendung erstellen, entstehen Ihnen für diese Anlage Kosten, die später oder nie zu Umsatz führen. Deshalb werden aktivierte Eigenleistungen wie Bestandserhöhungen behandelt.

Diese Art der Erfolgsrechnung nennt man „Gesamtkostenverfahren", weil die **Gesamtkosten**, so wie sie anfallen, der Gesamtleistung gegenübergestellt werden. Es handelt sich hierbei um eine recht einfache Methode, weil Sie einen Großteil der Daten direkt aus der Finanzbuchhaltung übernehmen können. Somit gewinnen Sie mithilfe dieses Verfahrens bereits kurz nach Ablauf jedes Monats einen schnellen Überblick über die Situation des Unternehmens. Die einzige Schwierigkeit liegt in der Bewertung der Bestände. In Produktionsunternehmen werden sie zu Herstellkosten, in Handelsunternehmen zu Einkaufspreisen und in Dienstleistungsunternehmen mit Hilfe von Stundensätzen bewertet.

Die folgende Tabelle zeigt einen Vorschlag für das Formular, mit dem Sie eine Erfolgsrechnung nach dem Gesamtkostenverfahren aufbauen können. Checkpoint 7

Formular Erfolgsrechnung

Formularvorschlag Erfolgsrechnung Gesamtkostenverfahren		
	Euro	**% der Gesamtleistung**
Umsatz		
+ sonstige betriebliche Erträge		
+ Bestandserhöhungen		
- Bestandsminderungen		
+ aktivierte Eigenleistungen		
= Gesamtleistung		
- Materialkosten - Handelswaren - Fremdleistungen		
- Personalkosten		
- Mietkosten		
- Energiekosten		
- Kfz-Kosten		
- Reisekosten		
- Werbekosten		
- Verpackungskosten		
- Abschreibungen		
- Reparatur-/Instandhaltungskosten		
- Kosten für Büromaterial, Telefon, Porto etc.		
- Kosten für Rechts- und Unternehmensberatung		
- Versicherungsbeiträge		
- sonstige betriebliche Kosten		
- Zinskosten		
- Steuern		
- Gesamtkosten		
= Unternehmenserfolg		

Für einen genaueren Überblick über einzelne Unternehmensbereiche, insbesondere darüber, welches Produkt oder welches Profit Center welchen Beitrag zum Unternehmenserfolg leistet, ist das Gesamtkostenverfahren nicht geeignet. Dazu dient das „Umsatzkostenverfahren", das in Kapitel D vorgestellt wird.

Zusammenfassung:

Neben der Gewinn- und Verlustrechnung (GuV) des externen Rechnungswesens benötigt jedes Unternehmen eine interne Erfolgsrechnung, weil die GuV nur einmal im Jahr aufgestellt wird und weil nicht alle Positionen in der GuV geeignet sind, sich einen Überblick über die **reale** Situation des Unternehmens zu verschaffen.

Die Positionen der GuV können aber als Basis verwendet werden, um eine interne Erfolgsrechnung aufzubauen. Dazu werden einige Positionen direkt aus der GuV übernommen, andere müssen in ihrer Höhe verändert werden. Wieder andere können nicht übernommen werden, weil sie nicht zum eigentlichen Betriebsgeschehen gehören. Andere Positionen, die nicht in der GuV vorhanden sind, werden ergänzt, weil sie in der internen Erfolgsrechnung benötigt werden.

Die Erfolgsrechnung liefert monatlich oder pro Quartal eine Übersicht über den Erfolg des Gesamtunternehmens und gewährleistet so, dass frühzeitig Gegenmaßnahmen ergriffen werden können, falls sich unerwünschte Entwicklungen zeigen.

Checkliste B

Checkliste B: Erfolgsrechnung Gesamtkostenverfahren
1. Nur Existenzgründer: Aufbau einer Gewinn- und Verlustrechnung (Finanzbuchhaltung)
2. Folgende Aufwendungen und Erträge können aus der Finanzbuchhaltung direkt übernommen werden: Grundkosten, Grundleistungen
3. Folgende Aufwendungen und Erträge müssen in der Höhe neu kalkuliert werden: Anderskosten, Andersleistungen
4. Folgende Aufwendungen und Erträge werden nicht in die Erfolgsrechnung übernommen: neutrale Aufwendungen und neutrale Erträge
5. Folgende Kosten und Leistungen werden zusätzlich in die Erfolgsrechnung aufgenommen: Zusatzkosten und Zusatzleistungen
6. Erfassen von Bestandsveränderungen und aktivierten Eigenleistungen
7. Zusammenführen von Leistungen und Kosten sowie Bestandsveränderungen und aktivierten Eigenleistungen zur Erfolgsrechnung nach dem Gesamtkostenverfahren

C Kostenstellen

1 Wozu Sie eine Kostenstellenrechnung benötigen

Haben Sie einmal ein Formel-1-Rennen im Fernsehen verfolgt? Dann haben Sie sicher auch schon einen Boxenstopp beobachtet, bei dem getankt wird und je nach Reglement auch die Reifen gewechselt werden. Ein guter Boxenstopp dauert zwischen sieben und zehn Sekunden. Haben Sie auch schon einmal einen missglückten Boxenstopp beobachtet? Der kann nämlich ganz schnell 30 Sekunden und länger dauern und insofern rennentscheidend sein.

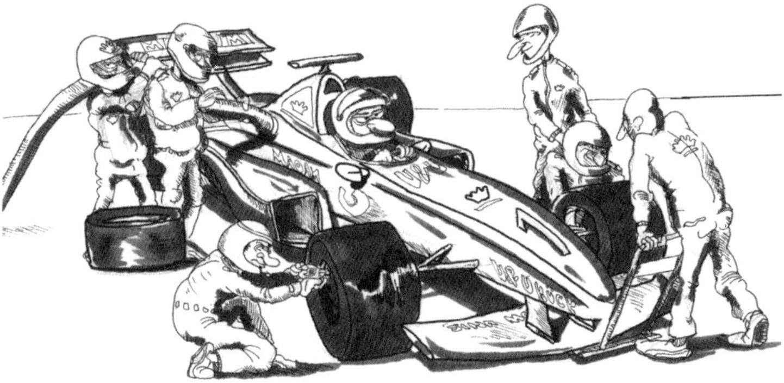

Wovon hängt es ab, ob ein Boxenstopp gut oder schlecht funktioniert? Es kommt darauf an, dass jeder Mechaniker genau weiß, was er zu tun hat und dass er im entscheidenden Moment „parat" steht und seine Arbeit schnell und effizient erledigt. Außerdem muss es jemanden geben, der die Arbeiten koordiniert und ein Signal gibt, wenn alle fertig sind und der Fahrer starten kann. Dieser Mechaniker hat eine besondere Verantwortung. Dennoch ist auch die Leis-

tung jedes Einzelnen wichtig und kommt dem Gesamtergebnis, der Platzierung im Rennen, zugute.
Auch in Ihrem Unternehmen geht es darum, Aufgaben zu erfüllen, die dem Unternehmen und damit allen zugute kommen. Erwarten Sie nicht, dass es hier – wie durch ein Wunder – ohne Regeln und Kompetenzzuweisungen funktioniert. In kleineren Unternehmen werden Aufgaben auf Einzelpersonen verteilt, in größeren Unternehmen auf ganze Abteilungen oder Bereiche. Und immer muss es jemanden geben, der für die Aufteilung und die Erfüllung der zugeteilten Aufgaben verantwortlich ist. An ihn können Sie sich auch halten, „wenn der Fahrer schon losfährt, obwohl der Tankstutzen noch in der Tanköffnung steckt".
Kurz gesagt: Sie brauchen klare Verantwortlichkeiten, wenn Sie ein Unternehmen nach wirtschaftlichen Gesichtspunkten steuern wollen. Eine Wirtschaftlichkeitskontrolle ist nur möglich, wenn Sie die Stellen, in denen ein großer Teil Ihrer Kosten entsteht, nämlich die Kostenstellen, klar abgrenzen. Und um die Ergebnisse Ihrer Wirtschaftlichkeitskontrolle auch an die Frau oder an den Mann bringen zu können, müssen Sie eine(n) Verantwortliche(n) bestimmen. Diese(n) können Sie für seinen (ihren) Erfolg – der gleichzeitig der Erfolg des Unternehmens ist – belohnen und damit weiter zu wirtschaftlichem Handeln motivieren.
Wenn Sie eine Basis für Ihre Preiskalkulationen benötigen, müssen Sie wissen, welche Kosten von Ihren Produkten oder Dienstleistungen **insgesamt** verursacht werden. Dazu genügt es nicht, nur die Kosten zu erfassen, die direkt durch die Produkte entstehen und sich ihnen deshalb einfach und verursachungsgerecht zuordnen lassen. Sie müssen auch die Kosten auf die Produkte verteilen, die in den Kostenstellen entstehen und sich nicht verursachungsgerecht direkt zurechnen lassen. Wenn Sie jedes Rennen als ein „Produkt" des anfangs genannten Formel-1-Rennstalls ansehen, lassen sich die Benzinkosten diesem Produkt direkt zurechnen. Man nennt diese Kosten „Einzelkosten". In einem Produktionsunternehmen sind das z. B. die Materialkosten.
Die Kosten für die Mechaniker lassen sich aber nicht einem Rennen direkt zurechnen, weil das Personal auch außerhalb des Rennens tätig ist. Diese Kosten nennt man „Gemeinkosten". Im Unternehmen

sind das z. B. Kosten für die allgemeine Verwaltung. Da die Gemeinkosten in den Kostenstellen entstehen, werden sie zunächst auch nur in den Kostenstellen gesammelt und erst anschließend über eine Schlüsselung auf die Produkte verteilt.

Wenn Sie eine Kostenstellenrechnung neu aufbauen, sollten Sie als Erstes die Frage beantworten, welche Kostenstellen Sie brauchen, damit das Unternehmen wirtschaftlich gesteuert werden kann. Das wichtigste Kriterium, um Kostenstellen zu bilden, ist die klare und eindeutige Zuordnung von Verantwortung. Das heißt, eine Kostenstelle sollte so definiert werden, dass Sie die Leitung der Kostenstelle und damit die Verantwortung für die wirtschaftliche Führung der Kostenstelle einer bestimmten Person zuordnen können. So können Sie Ziele für die Kostenstelle vereinbaren, das erzielte Ergebnis später messen und den Kostenstellenverantwortlichen an dem erzielten Ergebnis beteiligen. Checkpoint 1

Kostenstellen zu bilden ist nicht sehr kompliziert. Jedes Unternehmen bildet Kostenstellen nach seinem spezifischen Bedarf. Die gängige Vorgabe in Lehrbüchern zur Kostenrechnung ist für Produktionsunternehmen geeignet. Dort werden meistens die folgenden vier Hauptkostenstellen (KSt.) vorgeschlagen:

Beispiel Kurzorganigramm eines Produktionsunternehmens			
Geschäftsführung			
Material-KSt.	Fertigungs-KSt.	Vertriebs-KSt.	Verwaltungs-KSt.

In einem Handelsunternehmen würde man möglicherweise mehrere Kostenstellen für den Materialbereich bilden, z. B. je eine eigene Kostenstelle für den Einkauf, das Lager etc. Vielleicht werden aber auch Einkauf und Verkauf in Personalunion vom gleichen Mitarbeiter geleitet, sodass daraus eine Kostenstelle gebildet werden könnte. Ebenso könnte die Vertriebskostenstelle in eine Marketing- und eine Vertriebsstelle aufgegliedert werden. Eine Fertigungskostenstelle macht bei Handelsunternehmen dagegen keinen Sinn.

Beispiel Kurzorganigramm eines Handelsunternehmens			
Geschäftsführung			
Einkauf	Lager	Marketing	Vertrieb

Bei Dienstleistungsunternehmen entfällt normalerweise die Materialkostenstelle, weil wenig Material verbraucht wird. Außerdem würde statt einer Fertigungskostenstelle vielleicht eine Kostenstelle für das gesamte Dienstleistungspersonal eingerichtet werden (Kostenstelle „Eigene Dienstleister").

Beispiel Kurzorganigramm eines Dienstleistungsunternehmens			
Geschäftsführung			
Eigene Dienstleister	Marketing	Vertrieb	Verwaltung

Letztlich gibt es keine feste Vorgabe, die für alle Unternehmen gültig ist. Wenn Sie sich an das Prinzip der Abgrenzung nach Verantwortung halten, werden Sie aber sicher eine sinnvolle Aufteilung für Ihr Unternehmen finden. Jede Kostenstelle erhält eine Kennnummer zur Identifizierung, um die Zuordnung der Kosten zu den Kostenstellen zu vereinfachen (vgl. Kapitel C2 zur „Kontierung").

2 Wie erfassen Sie die Kostenstellenkosten?

Checkpoint 2

Welche Kosten werden in Ihrem Unternehmen als Einzelkosten direkt den Produkten oder Dienstleistungen zugerechnet und welche Kosten sammeln Sie als Gemeinkosten in den Kostenstellen?

Am besten, Sie beginnen mit einer Liste der Kostenarten. Hier werden die Kosten des Betriebs nach Art ihrer Entstehung einfach nacheinander aufgeführt (vgl. folgende Tabelle). Dann entscheiden Sie sich bei jeder Position, ob Sie sie als Einzelkosten oder als Gemeinkosten führen wollen.

Kostenarten

Liste möglicher Kostenarten
Materialkosten Handelswaren Fremdleistungen
Personalkosten
Mietkosten
Energiekosten
Kfz-Kosten
Reisekosten
Werbekosten
Verpackungskosten
Abschreibungen
Reparatur-, Instandhaltungskosten
Kosten für Büromaterial, Telefon, Porto etc.
Kosten für Rechts- und Unternehmensberatung
Versicherungsbeiträge
sonstige betriebliche Kosten
Zinskosten
Steuern

Die erste Position in der Liste: „Materialkosten, Handelsware und Fremdleistungen" ist direkt Produkten oder Dienstleistungen zuzurechnen. Daher ist hier die Entscheidung zwischen Einzel- und Gemeinkosten einfach. Es sind Einzelkosten, die Sie aus den Rechnungen Ihrer Lieferanten entnehmen können.

Alle anderen Kostenarten, wie Personalkosten, Mietkosten etc., sind zunächst erst einmal Gemeinkosten, da nicht sofort klar ist, wie hoch ihr genauer Anteil an den Produkten oder Dienstleistungen ist. Einige dieser Gemeinkosten lassen sich aber mit einem gewissen organisatorischen Aufwand „zu Einzelkosten machen". Personalkosten sind z. B. grundsätzlich Gemeinkosten, weil sie im Normalfall nach der Arbeitszeit abgerechnet werden und nicht nach Produkten oder Aufträgen. Wenn aber in einem Dienstleistungsunternehmen die Mitarbeiter, die die Dienstleistungen erbringen, immer die für den jeweiligen Auftrag geleisteten Stunden notieren, lässt sich sehr wohl ausrechnen, welcher Teil der Personalkosten auf einen Auftrag entfällt. Die Gemeinkosten werden auf diese Weise „zu Einzelkosten gemacht".

Andere Personalkosten, wie z. B. die Kosten für Verwaltungsmitarbeiter, lassen sich den Dienstleistungen auch nicht über Stundenaufschreibungen zurechnen, weil die Arbeit, die diese Mitarbeiter erbringen, für alle Aufträge anfällt und nicht auf einzelne Aufträge aufgeteilt werden kann. Diese Kosten bleiben Gemeinkosten und können später nur über pauschale Schlüsselungen zugerechnet werden.

Neben den Personalkosten der Mitarbeiter, die die eigentliche Dienstleistung erbringen, kann es noch weitere Kostenarten geben, bei denen es mit geringem Aufwand möglich ist, sie direkt zuzuordnen. So lassen sich z. B. Reise- oder Werbekosten, die ausschließlich für die Abwicklung eines bestimmten Kundenauftrags angefallen sind, diesem auch direkt zuordnen.

Checkpoint 3

Letztlich bleibt es Ihnen nicht erspart zu entscheiden, welche Kosten Sie in Ihrem Unternehmen direkt zuordnen können und ob der dafür nötige Aufwand vertretbar ist.

Wenn Sie z. B. als Dienstleister die Reisekosten einzelnen Aufträgen zuordnen wollen, müssen Sie Ihre Mitarbeiter dazu anhalten, ihre jeweiligen Reisekosten nach Aufträgen differenziert zu erfassen, d. h. Sie brauchen Formulare oder eine DV-technische Lösung, mit deren Hilfe jeder Reisekostenbeleg (Fahrkarte, Abrechnung Reisebüro etc.) eindeutig einem Auftrag zugeordnet werden kann. Diese Zuordnung nennt man „Kontierung": Jeder Auftrag erhält eine laufende Kennnummer, die auf dem entsprechenden Kostenbeleg (z. B. Rechnung) vermerkt wird und die zusammen mit dem Kostenbeleg gebucht wird.

Dennoch werden Reisekosten übrig bleiben, die sich nur schwer oder gar nicht einzelnen Aufträgen zurechnen lassen, wie z. B. für Reisen, die im Rahmen von Akquisetätigkeiten angefallen sind, die aber nicht zu einem Auftrag geführt haben. Oder Ihre Vertriebsleute betreiben Kundenpflege, indem sie einmal im Jahr ihre Stammkunden besuchen, ohne dass aus diesem Besuch immer ein konkreter Auftrag hervorgeht. Diese Kosten müssen weiterhin als Gemeinkosten auf einer Kostenstelle gebucht werden und können nicht zu Einzelkosten gemacht werden.

Für ein und dieselbe Kostenart darf es aber nicht zwei verschiedene Kontierungen geben, im einen Fall die Zuordnung zu einem Auftrag und im anderen zu einer Kostenstelle. Sie laufen sonst Gefahr, die Kosten einmal als Einzelkosten (für den Auftrag) und ein weiteres Mal als Gemeinkosten (in der Kostenstelle) zu erfassen. Sie können diese Fehlerquelle, die Kosten doppelt zu erfassen, vermeiden, indem Sie zwei Kostenarten für die Reisekosten bilden, nämlich „Reisekosten für Aufträge“ und „Reisekosten für Kostenstelle“. Immer wenn Reisekosten für einen speziellen Auftrag gebucht werden sollen, muss die erste Kostenart gewählt werden, immer wenn sie für eine Kostenstelle gebucht werden sollen, müssen Sie die zweite wählen.

Neben den Einzelkosten, die sich leicht Aufträgen oder Produkten zurechnen lassen, und den Gemeinkosten, „die sich zu Einzelkosten machen lassen“, verbleiben schließlich die Gemeinkosten, die sich gar nicht oder zumindest nicht mit vertretbarem Aufwand zu Einzelkosten machen lassen. Diese Kosten werden zunächst nur auf den Kostenstellen gebucht, um später über pauschale Schlüsselungen zugerechnet zu werden.

3 Voraussetzungen für eine wirksame Wirtschaftlichkeitskontrolle

Wenn die Einzelkosten und die Gemeinkosten an der richtigen Stelle gesammelt sind (Einzelkosten bei den Produkten oder Dienstleistungen, Gemeinkosten in den Kostenstellen), kann die Wirtschaftlichkeitskontrolle der Einzelkosten bei den Produkten bzw. Dienstleistungen (s. Kapitel D und E) und die Wirtschaftlichkeitskontrolle der Gemeinkosten in den Kostenstellen erfolgen. Die folgende Tabelle zeigt ein Beispiel für ein Kostenstellenergebnis.

Beispiel Kostenstelle Checkpoint 4

Beispiel Kostenstelle 540: Kalkulationsabteilung	
Kostenarten	**Januarwerte (in Euro)**
Personalkosten	**56.000**
Mietkosten	2.000
Energiekosten	200
Kfz-Kosten	500
Reisekosten	800
Werbekosten	0
Verpackungskosten	0
Abschreibungen	2.000
Reparatur-, Instandhaltungskosten	0
Kosten für Büromaterial, Telefon, Porto etc.	4.400
Kosten für Rechts- und Unternehmensberatung	0
Versicherungsbeiträge	0
sonstige betriebliche Kosten	3.800
Zinskosten	0
Steuern	0
Summe Sachkosten	**13.700**
Summe primäre Kosten	**69.700**

Bei dieser Beispielkostenstelle handelt es sich um eine Kalkulationsabteilung. Eine Vertriebskostenstelle hätte vermutlich höhere Reisekosten und auch höhere Werbekosten. Eine Verwaltungskostenstelle hätte vielleicht höhere Rechts- und Beratungskosten, eine Fertigungskostenstelle höhere Energiekosten usw. Die aufgeführten Kostenarten sind die gleichen wie in der Unternehmens-Erfolgsrechnung (vgl. Kapitel B), nicht in jeder Kostenstelle sind alle Positionen ausgefüllt. Die Position „primäre Kosten“ enthält alle Kosten, die der Kostenstelle direkt zugeordnet wurden.
Eine Kostenstelle kann einer von drei Kategorien zugeordnet werden: Cost Center, Profit Center oder Service Center:

Kategorien von Kostenstellen		
Cost Center	**Profit Center**	**Service Center**
verursacht ausschließlich Kosten	verursacht Kosten und erwirtschaftet Erträge	verursacht ausschließlich Kosten, erbringt Leistungen an andere Kostenstellen
wird über Kostenbudgets gesteuert	wird über Erfolgsvorgaben gesteuert	wird über interne Erfolgsvorgaben gesteuert

3.1 Cost Center

Cost Center nennt man Kostenstellen, die ausschließlich Kosten verursachen und keine eigenen Erträge erwirtschaften. Besonderes Kennzeichen der Cost Center ist, dass ein Kostenbudget für die jeweils nächste Abrechnungsperiode erstellt wird. Genauso plant z. B. jeder Formel-1-Rennstall die Anzahl der benötigten Mechaniker für die nächste Rennsaison und legt ein Personalkostenbudget dafür fest. Dieses Budget orientiert sich zwar an den Erfahrungen der vergangenen Abrechnungsperioden, ist aber letztlich in die Zukunft gerichtet, d. h. alle geplanten Veränderungen (z. B. Umsatzwachstum, Kostenreduktion) müssen berücksichtigt werden. Das Budget stellt insofern immer auch eine Zielvorgabe dar.
Am Ende der Abrechnungsperiode erfolgt die Wirtschaftlichkeitskontrolle, d. h. es wird festgestellt, ob das Budget eingehalten wurde. Dazu werden den budgetierten Kosten für jede Kostenart die tatsächlich entstandenen Kosten gegenübergestellt und die ggf. vorhandenen Abweichungen zwischen beiden ermittelt.

Beispiel für die Wirtschaftlichkeitskontrolle bei einem Cost Center:

In der folgenden Tabelle ist das Kostenbudget (Planwerte) der Kostenstelle 540 den tatsächlichen Istzahlen des Monats Januar gegenübergestellt. Außerdem wurde die Abweichung zwischen dem Budget und den tatsächlichen Werten festgehalten.

Budget Kostenstelle

Kostenstelle 540: Monat Januar			
Kostenarten	**Budget (Euro)**	**Ist (Euro)**	**Abw. (Euro)**
Personalkosten	**57.200**	**56.000**	**-1.200**
Mietkosten	2.000	2.000	0
Energiekosten	200	200	0
Kfz-Kosten	600	500	-100
Reisekosten	1.000	800	-200
Werbekosten	0	0	0
Verpackungskosten	0	0	0
Abschreibungen	2.000	2.000	0
Reparatur-, Instandhaltungskosten	0	0	0
Kosten für Büromaterial, Telefon, Porto etc.	3.950	4.400	450
Kosten für Rechts- und Unternehmensberatung	0	0	0
Versicherungsbeiträge	0	0	0
sonstige betriebliche Kosten	3.500	3.800	300
Zinskosten	0	0	0
Steuern	0	0	0
Summe Sachkosten	**13.250**	**13.700**	**450**
Summe primäre Kosten	**70.450**	**69.700**	**-750**

Das Budget wurde um 750 Euro unterschritten. Jetzt folgt die schwierige Frage der Interpretation: Hat der Cost-Center-Leiter gut gewirtschaftet? Oder wurde das Budget „mit breitem Daumen" zu großzügig geplant? Je genauer und realistischer die Planung ist, umso besser lässt sich der Erfolg dem Cost-Center-Leiter zuordnen. Auch die Analyse der Einzelpositionen gibt genauere Aufschlüsse.

Die Analyse der Ursachen für die Abweichungen ist letztlich dafür entscheidend, die Wirtschaftlichkeit eines Cost Centers und damit auch den Cost-Center-Leiter zu beurteilen. Wird dieser erfolgsorientiert entlohnt, erhält er eine Prämie, wenn er das festgelegte Budget unterschreitet.

In Kapitel G8 wird im Rahmen der Planung/Budgetierung weiter ausgeführt, dass die reine Abweichungsanalyse zwischen dem Budget und den Istwerten, wie sie in der obigen Tabelle gezeigt ist, nicht ausreicht, sondern den Ursachen für eine Unter-, aber natürlich auch für eine Überschreitung des Budgets nachgegangen werden muss. Eine Überschreitung muss z. B. nicht zwangsläufig mit Unwirtschaftlichkeiten des Cost Centers verbunden sein und damit dem Cost-Center-Leiter angelastet werden. Es könnte auch sein, dass dem Cost Center höhere Leistungen abgefordert worden sind. Eine solche Überschreitung des Budgets ist in der Regel nicht dem Cost-Center-Leiter (zumindest nicht ihm alleine) anzulasten.

3.2 Profit Center

Kostenstellen, die eigene Erträge von außen (Kunden) erwirtschaften, wie z. B. Vertriebskostenstellen, werden als Profit Center bezeichnet. In der Praxis werden Profit Center deshalb häufig nicht als Kostenstellen geführt, obwohl es sich meist um Abteilungen mit einer festen Mitarbeiterzuordnung handelt, sondern sie werden als „Kostenträger“ geführt. Die Aspekte, die die Profit Center als eine spezielle Art von Kostenstellen betreffen, werden hier erläutert. Die Aspekte, die sie als Kostenträger betreffen, werden in Kapitel E erarbeitet.

In einem Profit Center werden zunächst die Erträge gesammelt, die das Profit Center mit dem von ihm vertriebenen Produkten oder Dienstleistungen erwirtschaftet. Diesen Erträgen werden die direkten Kosten der Produkte oder Dienstleistungen gegenübergestellt. Das sind die Einzelkosten der Produkte oder Dienstleistungen, die diesen Leistungen verursachungsgerecht zugeordnet werden können. Zusätzlich werden die Personalkosten und Sachkosten des Profit Centers genauso wie im Cost Center gesammelt. Checkpoint 5

Wie eine solche Profit-Center-Darstellung aussehen könnte, ist in der folgenden Tabelle verkürzt dargestellt:

Profit Center: Kostenstelle 550	
Gesamtumsatz des Profit Centers	
- direkt zurechenbare Produktkosten (Einzelkosten)	
- Personalkosten	
- Mietkosten	
- Energiekosten	
...	
- Zinskosten	
- Steuern	
- Summe Sachkosten	
= Erfolg des Profit Centers	

Die Wirtschaftlichkeit von Profit Centern wird demnach nicht über Kostenbudgets gesteuert, sondern über die Beurteilung ihrer eigenen Teil-Erfolgsrechnungen und den von ihnen selbst erwirtschafteten Erfolg. In Kapitel E wird die Profit-Center-Erfolgsrechnung ausführlich erläutert.

3.3 Service Center

Eine Zwischenstufe zwischen Cost Centern und Profit Centern sind die Service Center. Hierbei handelt es sich um Kostenstellen, die zwar keine externen Erträge mit Kunden erwirtschaften, aber Leistungen für andere Kostenstellen erbringen. Die Leistungsempfänger sind „interne Kunden“ der Service Center: Eine Konstruktionsabteilung als Service Center könnte z. B. Konstruktionspläne für den Vertrieb erstellen.
Um diese Service Center richtig steuern zu können, müssen die Leistungen, die sie erbringen, bewertet und an diejenigen Kostenstellen weiterverrechnet werden, die die Leistungen in Anspruch nehmen. Die leistenden Kostenstellen müssen eine entsprechende Entlastung erhalten. Diese Verrechnung von Kosten nennt man „interne Leistungsverrechnung“.

4 Die Leistungen zwischen den Kostenstellen verrechnen

Eine interne Leistungsverrechnung kann auf zwei verschiedene Arten erfolgen: Sie können die gesamten Kosten der leistenden Kostenstellen an die empfangenden Kostenstellen weitergeben. Oder Sie verrechnen die Leistungen zu festen Verrechnungspreisen. Im zweiten Fall ist es möglich, dass mehr oder weniger Kosten weitergegeben werden, als tatsächlich angefallen sind.
Nach der ersten Methode ermitteln Sie für jede innerbetriebliche Leistung einen so genannten „Kostenpreis", indem Sie die Gesamtkosten der Kostenstelle durch die Gesamtleistung der Kostenstelle dividieren:

Kostenpreis = Gesamtkosten : Gesamtleistung

Nach der zweiten Methode legen Sie einen festen Verrechnungspreis für jede Leistung fest. Dabei können Sie sich an den tatsächlichen Kosten aus der Vergangenheit oder z. B. auch an externen Marktpreisen für diese Leistung orientieren.

Beispiel zur internen Leistungsverrechnung:
1. Kostenweitergabe

Eine Kalkulationsabteilung gibt Leistungen in Form von Arbeitsstunden an andere Kostenstellen ab. Sie erstellt z. B. Kalkulationen für den Vertrieb, damit dieser Angebote an Kunden versenden kann. Dem Vertrieb werden diese Leistungen dann belastet.

Die gesamten Kosten der Kalkulationsabteilung betragen 70.000 Euro. Wenn die Abteilung im Januar insgesamt 1.000 Arbeitsstunden an andere Kostenstellen geleistet hat, ergibt sich der Stundensatz für diese Leistungen bei reiner Kostenweitergabe durch Division der Gesamtkosten durch die geleisteten Stunden, also:
70.000 Euro : 1.000 Stunden = 70,00 Euro/Stunde.

Jede Kostenstelle, die Leistungen von der Kalkulationsabteilung in Anspruch genommen hat, bekommt pro Stunde 70,00 Euro dafür berechnet.

Hat die Kalkulation z. B. im Januar 500 Stunden für den Vertrieb aufgewendet, so bekommt der Vertrieb 500 x 70,00 Euro, also 35.000 Euro, von der Kalkulation berechnet. Diese Kosten nennt man

„sekundäre Kosten". Im Ergebnis werden so alle in der Kalkulationsabteilung entstandenen Kosten an andere Kostenstellen weitergegeben. Bei entsprechender Entlastung der Kalkulationsabteilung verbleiben hier nach der internen Leistungsverrechnung keine Kosten mehr.

Interne Leistungsverrechnung: Kostenweitergabe		
Kostenstelle Kalkulation	**Leistungsverrechnung**	**Kostenstelle Vertrieb**
primäre Kosten: 70.000 Euro		primäre Kosten: 103.000 Euro
Entlastung durch Vertrieb: 35.000 Euro	Weitergabe von 500 Std. à 70,00 Euro/Std.	Belastung durch Kalkulation = sekundäre Kosten: 35.000 Euro
Entlastung durch andere: 500 Std. x 70,00 Euro/ Std. = 35.000 Euro	Weitergabe von 500 Std. à 70,00 Euro/Std.	
Gesamtkosten: 0 Euro		**Gesamtkosten:** 138.000 Euro

Wollen Sie Ihre Kostenstellen nach wirtschaftlichen Gesichtspunkten steuern, ist die Methode der reinen Kostenweitergabe **nicht** empfehlenswert. Keine Kostenstelle, weder die leistende noch die empfangende, hat unter diesen Umständen einen Anreiz, sich wirtschaftlich zu verhalten: Die leistende Kostenstelle weiß, dass sie **alle** ihre Kosten abgeben wird, egal wie hoch sie sind, da der Preis für die Leistungen nach den tatsächlich entstandenen Kosten bestimmt wird („Kostenpreis").

Wenn die empfangende Kostenstelle sparen will, indem sie ihren Verbrauch an internen Leistungen zurückschraubt, führt dies lediglich dazu, dass die leistende Kostenstelle insgesamt weniger Leistungen abgeben kann. In der Folge muss der Kostenpreis pro Stunde heraufgesetzt werden, damit sie trotzdem alle Kosten „loswird". Die empfangende Kostenstelle kann durch eine geringere Inanspruchnahme von Leistungen die ihr zugerechneten Kosten also nicht entsprechend senken.

Wenn Sie in dieser Situation den Markt nach außen öffnen, sodass alle Kostenstellen Leistungen auch von externen Anbietern einkaufen dürfen, kann Folgendes passieren: Wenn der Kostenpreis der leistenden Kostenstelle höher ist als der externe Marktpreis, wird **automatisch** eine Kostenstelle nach der anderen von außen einkaufen, weil das preiswerter ist. Das ist eine so genannte „Make-or-Buy-Entscheidung", die **für** „Buy", d. h. den externen Zukauf, ausfällt. In der Folge werden intern immer weniger Leistungen abgenommen. Dadurch steigt der interne Kostenpreis noch weiter, bis schließlich gar keine Leistungen mehr intern abgenommen werden und die ursprünglich leistende Kostenstelle überflüssig wird. Das käme einem dauerhaften „Outsourcing" gleich: Die Leistungen dieser Abteilung würden komplett an Fremdfirmen vergeben.

Als Controller oder Geschäftsführer müssen Sie sich darüber im Klaren sein, dass Sie eine Kostenstelle **automatisch** demontieren, wenn Sie die Kostenweitergabe zu Kostenpreisen praktizieren, der interne Kostenpreis über dem externen Marktpreis liegt und Sie den Markt nach außen öffnen. Das Ergebnis ist ein schleichendes, aber ein zwangsläufiges Outsourcing.

Natürlich kann dieses Outsourcing auch gewünscht sein, insbesondere, wenn es um Leistungen geht, die nicht zum Kerngeschäft des Unternehmens gehören. Vor einer solchen Entscheidung sollten Sie aber sehr genau prüfen, ob Sie nicht „Äpfel mit Birnen" vergleichen. Stellen Sie sich die Frage, ob Ihre internen Kosten wirklich **komplett** wegfallen, wenn Sie die Abteilung schließen und die Leistungen nur noch extern einkaufen. Weiterführende Erläuterungen zu diesem Thema finden Sie im Kapitel F4.

Zusammengefasst:

Checkpoint 6

Die reine Kostenweitergabe zu Kostenpreisen ist kein geeignetes Mittel, um Ihre Abteilungen zu wirtschaftlichem Verhalten anzuleiten. Die Alternative lautet: feste Verrechnungspreise. Hiermit lassen sich die Kostenstellen zur Wirtschaftlichkeit anleiten.

Beispiel interne Leistungsverrechnung:
2. Feste Verrechnungspreise

Die Kalkulationsabteilung gibt ihre Leistungen zu einem festen Verrechnungspreis ab, der an den externen Marktpreis angelehnt wurde. Er beträgt 60 Euro/Stunde. Jede Stunde, die die Kalkulation an eine andere Kostenstelle abgibt, wird folglich mit 60 Euro/Std. berechnet. Das heißt, die Vertriebskostenstelle „zahlt" für die Abnahme von 500 Stunden im Monat Januar 30.000 Euro. Die Kalkulationsabteilung wird entsprechend entlastet.

Die Kalkulationsabteilung hat im Januar insgesamt 1.000 Stunden an andere Kostenstellen geleistet. Sie verrechnet deshalb insgesamt 60.000 Euro (1.000 Std. x 60 Euro/Std.) an andere Kostenstellen weiter und wird entsprechend entlastet. Damit verbleibt der Kalkulationsabteilung ein „Verlust" in Höhe von 10.000 Euro.

Interne Leistungsverrechnung: feste Verrechnungspreise

Kostenstelle Kalkulation	Leistungsverrechnung	Kostenstelle Vertrieb
primäre Kosten: 70.000 Euro		primäre Kosten: 103.000 Euro
Entlastung durch Vertrieb: 30.000 Euro	Weitergabe von 500 Std. à 60,00 Euro/Std.	Belastung durch Kalkulation = sekundäre Kosten: 30.000 Euro
Entlastung durch andere: 500 Std. x 60 Euro/Std. = 30.000 Euro	Weitergabe von 500 Std. à 60,00 Euro/Std.	
Verlust: 10.000 Euro		**Gesamtkosten:** 133.000 Euro

Den Verlust eines Service Centers nennt man „Unterdeckung". Das bedeutet, dass die Kostenstelle weniger Kosten weiterverrechnen konnte, als tatsächlich angefallen sind. Wenn es sich dabei um eine Kostenstelle handelt, deren Kosten später über pauschale Zuschläge auf die Produkte oder Dienstleistungen weiterverrechnet werden, werden die übrig bleibenden Kosten über diesen Weg in die Gesamt-Erfolgsrechnung eingerechnet. Wenn es sich aber um eine Kostenstelle handelt, die nur über andere Kostenstellen weiterverrechnet wird und nicht auf die Produkte oder Dienstleistungen, bleibt die Unterdeckung bestehen und die Kosten fehlen später in der Erfolgsrechnung. Der dort ermittelte Gesamtunternehmenserfolg sieht demnach höher aus, als er tatsächlich ist. Wenn Sie den Unternehmenserfolg als Summe der Teilerfolge von Produkten oder Dienstleistungen ermitteln (vgl. Kapitel E5), müssen Sie diese Differenz korrigieren, d. h. die fehlenden Kosten nachträglich einfügen. Entsprechend sind eventuelle Überdeckungen zu korrigieren. Dieser Korrekturbedarf ist ein Nachteil bei der Verwendung fester Verrechnungssätze, den man aber in Kauf nimmt, weil man dafür eine Steuerungsmöglichkeit hinzugewinnt.

5 So verteilen Sie die Kostenstellenkosten auf die Produkte

Eine weitere wichtige Aufgabe der Kostenstellenrechnung ist, die Verteilung der Kostenstellenkosten auf Ihre Produkte oder Dienstleistungen vorzubereiten. Da Sie nur die Einzelkosten direkt zurechnen können, müssen Sie sich für die Gemeinkosten einen Verrechnungsschlüssel überlegen, der diese Kosten möglichst „gerecht" auf die Produkte oder Dienstleistungen verteilt. Nur dann können Sie auch den Gesamterfolg Ihrer Produkte oder Dienstleistungen ermitteln.

Woher bekommen Sie aber die „richtigen" Verrechnungsschlüssel? Richtig ist ein Verrechnungsschlüssel eigentlich nur, wenn er die Gemeinkosten verursachungsgerecht auf die Produkte verteilt. Dazu müssten Sie genau sagen können, welches Produkt in welcher Höhe die einzelnen Kostenstellen, z. B. die Kalkulationsabteilung, in Anspruch nimmt. Das wird Ihnen aber nicht gelingen, sonst hätten Sie es nicht mit Gemeinkosten, sondern mit Einzelkosten zu tun. Deshalb müssen Sie sich mit Schlüsseln behelfen, von denen Sie annehmen, dass sie einigermaßen sinnvoll wiedergeben, wie die Gemeinkosten durch die Produkte in Anspruch genommen werden.

Eine Verteilung der gesamten Gemeinkosten mit einem einzigen Schlüssel ist immer problematisch, wenn die Gemeinkosten eine relevante Größenordnung haben. Sinnvoll könnte so eine Zuordnung aber z. B. für ein Dienstleistungsunternehmen sein, in dem der Großteil der Kosten aus Personalkosten besteht, die über Stundenaufschreibungen den Dienstleistungen zugerechnet werden. Checkpoint 7

Die noch verbleibenden Gemeinkosten (Verwaltung und Vertrieb) sind meist so niedrig, dass sie in einem einzigen Satz auf diese Stundensätze aufgeschlagen werden können.
Eine in der deutschen Wirtschaft übliche Vorgehensweise, um die Gemeinkosten auf die Produkte zu verteilen, spaltet die Gemeinkosten in die vier Bereiche: Material, Fertigung, Vertrieb und Verwaltung auf.
Jede Gemeinkostenart wird dann über eine eigene Bezugsgröße weiterverrechnet: Die Materialgemeinkosten werden im Verhältnis der Materialeinzelkosten zugerechnet. Die Fertigungsgemeinkosten werden entsprechend den unterschiedlichen Fertigungszeiten auf die Produkte verteilt. Die Verwaltungs- und Vertriebskosten werden nach der Höhe der Herstellkosten verrechnet. Diese Art der Zurechnung von Gemeinkosten auf Produkte nennt man „Bezugsgrößenkalkulation“.
Das folgende Beispiel zeigt eine solche Bezugsgrößenkalkulation für eine Großbäckerei. Nähere Erläuterungen zum Thema Kostenkalkulation finden Sie auch im Kapitel D im Rahmen der Produkt-Erfolgsrechnung.

Beispiel für die Verteilung der Gemeinkosten auf Produkte (Bezugsgrößenkalkulation):

Das Beispielunternehmen ist eine Großbäckerei, die ausschließlich Brötchen und Brezeln produziert und verkauft, und zwar 5 Mio. Brötchen und 1 Mio. Brezeln pro Jahr. Insgesamt fallen pro Jahr 1.421.300 Euro an Gemeinkosten für das gesamte Unternehmen an. Die Materialeinzelkosten für die Brötchen betragen 91.500 Euro pro Jahr (0,0183 Euro/Stück) und für die Brezeln 13.000 Euro pro Jahr (0,0130 Euro/Stück).

Checkpoint 8

Die gesamten Gemeinkosten in Höhe von 1.421.300 Euro verteilen sich wie folgt auf die vier Bereiche:

- Materialbereich: 20.900 Euro; diese werden auf der Grundlage der Materialeinzelkosten von insgesamt 104.500 Euro zugeschlagen, also mit einem Zuschlagsatz von 20 % (20.900 : 104.500 = 20 %)
- Fertigung: 637.500 Euro; diese werden auf der Grundlage der benötigten Fertigungszeiten von insgesamt 750.000 Minuten zugeschlagen, also mit einem Zuschlagsatz von 0,85 Euro/Minute (637.500 : 750.000 = 0,85). Für die Brötchen werden pro Jahr

500.000 Fertigungsminuten und für die Brezeln 250.000 Minuten benötigt.

- Vertrieb: 610.320 Euro; diese werden auf der Grundlage der Herstellkosten von insgesamt 762.900 Euro zugeschlagen, also mit einem Zuschlagsatz von 80 % (610.320 : 762.900 = 80 %). Die Herstellkosten teilen sich zu 534.800 Euro auf die Brötchen und zu 228.100 Euro auf die Brezeln auf.
- Verwaltung: 152.580 Euro; diese werden ebenfalls auf der Grundlage der Herstellkosten von insgesamt 762.900 Euro zugeschlagen, also mit einem Zuschlagsatz von 20 % (152.580 : 762.900 = 20 %).

Kalkulation

Gemeinkostenverteilung nach der Bezugsgrößenkalkulation

Produkt	**Einzelkosten/ Gemeinkosten (GK) Euro**		**Gesamtkosten Euro**	**Kosten pro Stück Euro**
Brötchen	Materialeinzelkosten:	91.500		
20 %	Material-GK:	18.300		
0,85 Euro/min.	Fertigungs-GK:	425.000		
Zw.summe	***Herstellkosten***	***534.800***		
80 %	Vertriebs-GK:	427.840		
20 %	Verwaltungs-GK:	106.960		
	Gesamtkosten		**1.069.600**	**0,21**
Brezeln	Einzelkosten:	13.000		
20 %	Material-GK:	2.600		
0,85 Euro/min.	Fertigungs-GK:	212.500		
Zw.summe	***Herstellkosten***	***228.100***		
80 %	Vertriebs-GK:	182.480		
20 %	Verwaltungs-GK:	45.620		
	Gesamtkosten		**456.200**	**0,46**

In diesem Beispiel kommen Sie zu Stückkosten von 0,21 Euro/Stück für die Brötchen und 0,46 Euro/Stück für die Brezeln.

Wählen Sie andere Bezugsgrößen zur Verteilung der Gemeinkosten auf die Produkte aus, kommen Sie bei den Stückkosten auch zu anderen Ergebnissen. Eine häufig anzutreffende Methode belastet z. B. jedes Produkt mit so vielen Gemeinkosten, wie es tragen kann (Kostentragfähigkeitsprinzip). Das bedeutet, die Gemeinkosten werden proportional zum Umsatz oder zum Deckungsbeitrag zugeschlagen. Diese Variante ist **nicht** empfehlenswert, da Sie so Ihre eigene Kalkulation unbrauchbar machen: Ein Produkt, das einen hohen Umsatz erwirtschaftet, wird mit einem hohen Gemeinkostenanteil „kaputt" gerechnet, ein Produkt mit niedrigem Umsatz wird „geschont". Eine eindeutige Bewertung, welches Produkt gute und welches schlechte Erfolge erwirtschaftet, ist somit nicht mehr möglich.

Die Zuschlagsätze in dem Beispiel wurden auf der Basis tatsächlich entstandener Kosten berechnet. Diese Kosten können je nach Auslastung von Abrechnungsperiode zu Abrechnungsperiode schwanken. Damit nicht jeden Monat neue Zuschlagsätze ermittelt werden müssen und eine gewisse Kontinuität der Kalkulation gewährleistet ist, setzt man in der Praxis meist Durchschnittswerte aus der Vergangenheit zur Berechnung der Zuschlagsätze ein.

Sie sollten sich aber darüber im Klaren sein: Gleichgültig, welche Bezugsgröße Sie wählen, echte Gemeinkosten können so nicht verursachungsgerecht zugeordnet werden, sonst wären es keine Gemeinkosten. Sie können sich dem Idealzustand höchstens nähern. Wenn Sie sich mit dieser Situation nicht abfinden wollen, sollten Sie sich intensiver mit der „Prozesskostenrechnung" beschäftigen (s. Kapitel L).

Das Beispiel zur Verteilung der Gemeinkosten auf die Produkte bezieht sich auf ein Produktionsunternehmen (Großbäckerei). Natürlich können die Ideen und Methoden genauso auf Handelsunternehmen, Dienstleistungsunternehmen und Einzelauftragsfertiger angewendet werden.

Zusammenfassung:

Kostenstellen sind ein notwendiges Instrument zur Steuerung eines Unternehmens, weil sie Verantwortlichkeiten definieren und damit die Möglichkeit für eine wirksame Wirtschaftlichkeitskontrolle schaffen. Außerdem benötigt man Kostenstellen, um die Gemeinkosten auf Produkte oder Dienstleistungen weiterzuverrechnen.

Im Vorfeld ist es notwendig, zu entscheiden, welche Kosten im Unternehmen als Einzelkosten und welche als Gemeinkosten angesehen werden sollen, da es organisatorischen Aufwand bedeutet, Einzelkosten zuzuordnen. Außerdem sollten zur Wirtschaftlichkeitskontrolle in den Kostenstellen interne Leistungen verursachungsgerecht zugerechnet werden. Dies sollte mit festen Verrechnungspreisen geschehen, da andernfalls kein Anreiz für die Kostenstellen besteht, sich wirtschaftlich zu verhalten.

Bei der Weiterverrechnung der Gemeinkosten auf die Produkte oder Dienstleistungen ist die Wahl der „richtigen" Bezugsgrößen zur Bestimmung von Zuschlagsätzen eine nicht lösbare Aufgabe. Man kann nur versuchen, sich dem Ziel der verursachungsgerechten Zuordnung anzunähern. Eine Alternative stellt die sog. „Prozesskostenrechnung" dar, die allerdings sehr aufwändig ist und daher nur in besonders wichtigen Bereichen eingesetzt wird.

Checkliste C

Checkliste C: Kostenstellen	
1.	Kostenstellen nach Verantwortlichkeiten einrichten
2.	Festlegen, welche Kostenarten als Einzelkosten und welche als Gemeinkosten behandelt werden sollen
3.	Organisieren des Kontierungsvorgangs
4.	Formular für die Kostenstellenübersicht erstellen
5.	Sammeln der Gemeinkosten auf den Kostenstellen
6.	Interne Leistungsverrechnung mit festen Verrechnungspreisen (nicht mit Kostenpreisen)
7.	Wahl von geeigneten Bezugsgrößen für die Verrechnung der Gemeinkosten von den Kostenstellen auf die Produkte oder Dienstleistungen
8.	Ermitteln der Zuschlagsätze für die Kalkulation

D Der Produkterfolg – richtig kalkulieren

1 Wozu brauchen Sie eine Produkt-Erfolgsrechnung?

Sie haben Ihrer Tochter versprochen, ihre Hochzeitsfeier auszurichten. Vom Veranstalter haben Sie ein „All-inclusive-Angebot" über 120 Euro pro Person bekommen. Dieses pauschalierte Angebot beinhaltet folgende Leistungen, sofern der Veranstalter mit mindestens 50 Personen rechnen kann:

- Raumnutzung für den Abend,
- Buffet und Getränke,
- eine Band für den Abend.

Ihre Tochter hat Ihnen gestern vorsichtig nahe gebracht, dass sie doch eher 100 als 50 Gäste einladen möchte. Da das Ihr Budget sprengen würde, sprechen Sie den Veranstalter auf einen möglichen Mengenrabatt an. Dieser kalkuliert noch einmal und macht Ihnen ein neues Angebot über 100 Euro pro Person, wenn Sie ihm 100 Personen garantieren. Sie schließen den Vertrag ab.
Wie ist der Veranstalter zu diesem Sonderpreis gekommen? Angenommen, die Kosten des Veranstalters belaufen sich erfahrungsgemäß auf:

- Buffet: 10 Euro pro Person,
- Getränke: 10 Euro pro Person,
- Raummiete: 500 Euro für den Abend,
- Band: 1.000 Euro für den Abend.

Somit ergeben sich für den Veranstalter bei 50 Personen direkte Kosten in Höhe von 2.500 Euro für den Abend.

Kostenaufstellung Hochzeitsabend für 50 Personen (Einzelkosten)			
Leistungsart	**Personenzahl**	**Kosten pro Person bzw. Abend Euro**	**Gesamtkosten für den Abend Euro**
Buffet	50	10	500
Getränke	50	10	500
Raummiete		500	500
Band		1.000	1.000
Gesamt	**50**	**50**	**2.500**

Buffet und Getränke berechnet der Veranstalter üblicherweise mit einem Aufschlag von 300 % weiter, die Raummiete mit einem Aufschlag von 100 %, und die Kosten für die Band „reicht er durch", d. h. er berechnet sie ohne Aufschlag. Die Aufschläge sind Erfahrungswerte und richten sich daran aus, was der Markt „hergibt". Andererseits sollen sie aber auch ausreichen, um die gesamten Kosten des Veranstalters zu erwirtschaften. Dazu gehören sein eigenes Gehalt, das Gehalt seiner Sekretärin, Kosten für Werbung etc. (Gemeinkosten). Daraus ergeben sich die folgenden Angebotspreise:

- Buffet (300 % Aufschlag): 40 Euro pro Person
- Getränke (300 % Aufschlag): 40 Euro pro Person
- Raummiete (100 % Aufschlag): 1.000 Euro für den Abend
- Band (kein Aufschlag): 1.000 Euro für den Abend

Bei 50 Gästen ermittelt der Veranstalter einen Angebotspreis von insgesamt 6.000 Euro bzw. 120 Euro pro Person.

Preisaufstellung Hochzeitsabend für 50 Personen				
Leistungsart	**Personenzahl**	**Preis pro Person und Abend Euro**	**Gesamtpreis für den Abend Euro**	**Einzelkosten für den Abend Euro**
Buffet	50	40	2.000	500
Getränke	50	40	2.000	500
Raummiete		1.000	1.000	500
Band		1.000	1.000	1.000
Gesamt	**50**	**120**	**6.000**	**2.500**

Bleibt es bei 50 Personen, erwirtschaftet der Veranstalter seine direkten Kosten in Höhe von 2.500 Euro und behält darüber hinaus von den 6.000 Euro noch 3.500 Euro übrig, um seine Gemeinkosten auszugleichen. Bei 100 Gästen kann der Veranstalter die Pauschalpreise für Raummiete und Band auf mehr Personen verteilen und kommt damit, wie die nächste Tabelle zeigt, zu einem Angebotspreis von insgesamt 10.000 Euro bzw. nur noch 100 Euro pro Person.

Preisaufstellung Hochzeitsabend für 100 Personen				
Leistungsart	**Personenzahl**	**Preis pro Person und Abend Euro**	**Gesamtpreis für den Abend Euro**	**Einzelkosten für den Abend Euro**
Buffet	100	40	4.000	1.000
Getränke	100	40	4.000	1.000
Raummiete		1.000	1.000	500
Band		1.000	1.000	1.000
Gesamt	**100**	**100**	**10.000**	**3.500**

In diesem Fall erwirtschaftet der Veranstalter seine direkten Kosten von 3.500 Euro, erhält aber darüber hinaus von den 10.000 Euro noch 6.500 Euro, um seine Gemeinkosten auszugleichen.
Welchen Preis der Veranstalter verlangen muss, kann er nur entscheiden, wenn er seine gesamten Kosten kennt. Auch wenn er seine Preise nicht frei bestimmen kann, sondern zu Marktpreisen anbieten muss, ist es für ihn existenziell notwendig, seine Kosten zu kennen. Nur so kann er sehen, welche Produkte einen Erfolg erwirtschaften. Und er erkennt, ob dieser Erfolg ausreicht, alle insgesamt entstandenen Kosten auszugleichen.
Auch die Entscheidung über die Art seines Angebots kann der Veranstalter nur treffen, wenn er seine Kostenstruktur kennt. Es könnte z. B. lukrativ sein, einen eigenen Veranstaltungsraum dauerhaft zu pachten oder zu kaufen. Die Raumkosten pro Abend hängen dann davon ab, wie oft der Raum genutzt wird, und würden bei häufigerer Nutzung sinken. Bei den Getränken ist es umgekehrt: Der Veranstalter muss für den Abend ein bestimmtes Kontingent an verschiedenen Getränken vorsehen. Wenn mehr getrunken wird als erwartet, liegen seine eigenen Kosten höher als zehn Euro pro Person, und es verbleiben weniger als 30 Euro pro Person zum Ausgleich seiner übrigen Kosten. Wird weniger getrunken, verbleiben ihm mehr als 30 Euro pro Person. Wenn er hier kein Risiko eingehen will, muss er die Getränke nach Verbrauch abrechnen.
Das Beispiel liefert Ihnen „drei gute Gründe“, warum Sie eine Produkt-Erfolgsrechnung und eine Kostenkalkulation brauchen:

1. Sie müssen die Kosten Ihrer Produkte kennen, um deren Verkaufspreise kalkulieren zu können. Selbst wenn Sie die Preise nicht frei bestimmen können, weil Sie sie nach dem Markt ausrichten müssen, brauchen Sie die Informationen, um den Produkterfolg beurteilen zu können.
2. Ohne den Erfolg jedes Ihrer Produkte zu kennen, können Sie keine strategischen Entscheidungen über Ihr Produktsortiment treffen. Dazu gehören auch Überlegungen über die Art Ihres Produktangebots: pauschal oder nach Aufwand, eine Mischung aus beidem, Höchstgrenzen etc.

3. Nur, wenn Sie Ihre Produktkosten kennen, können Sie entscheiden, ob Sie Leistungen besser fremdvergeben sollten.

2 So ermitteln Sie als Serien- oder Massenfertiger den Erfolg Ihrer Produkte

Stellen Sie sich vor, in Ihrem Unternehmen werden Massenartikel hergestellt. Sie möchten wissen, mit welchen Produkten Sie einen Erfolg erwirtschaften und in welcher Höhe. Dazu ist es erforderlich, die Preise Ihrer Produkte und deren Kosten zu ermitteln. Der Verkaufspreis für ein Produkt wird selten auf der Grundlage der eigenen Kosten festgelegt, sondern hängt fast immer davon ab, was der Markt hergibt. Das heißt, bei den meisten Märkten handelt es sich um so genannte Käufermärkte, bei denen letztlich der Käufer und die Konkurrenz entscheiden, welchen Preis Sie verlangen können.
Sollten Sie mit Ihren Produkten auf einem Verkäufermarkt platziert sein, können Sie den Verkaufspreis freier gestalten. Sie werden den Verkaufspreis so festsetzen wollen, dass er Ihre gesamten Kosten ausgleicht und Sie außerdem einen Gewinn erzielen.
Für beide Marktsituationen müssen Sie aber wissen, welche Kosten Ihre Produkte verursachen. Im ersten Fall benötigen Sie diese Information, um zu entscheiden, ob der Marktpreis ausreicht, im zweiten Fall, um Ihren Verkaufspreis überhaupt ermitteln zu können. In Kapitel C5 wurde bereits das Beispiel der Großbäckerei verwendet, um zu zeigen, wie Gemeinkosten auf Produkte verteilt werden können. Nachfolgend wird dieses Beispiel aufgegriffen und für die Ermittlung des Produkterfolgs erweitert. Wie schon in Kapitel C5 geschildert, lassen sich alle Einzelkosten, wie z. B. Materialkosten, leicht den Produkten direkt zurechnen. Gemeinkosten dagegen können nur über pauschale Zuschläge zugerechnet werden.

Checkpoint 2

Beispiel zur Ermittlung des Produkterfolgs:

Das Beispielunternehmen ist eine Großbäckerei mit mehreren Verkaufsfilialen. Die Einzelkosten der Produkte setzen sich aus den Kosten für die Zutaten der Rezepturen zusammen und sind folglich Materialeinzelkosten. In der folgenden Tabelle sind diese Materialeinzelkosten für das Produkt Brötchen zusammengestellt.

Materialeinzelkosten für die Produktion von 1.000 Brötchen	
Kostenart	**Euro pro 1.000 Stück**
Mehl	12,00
Backmittel	4,00
Hefe	2,00
Wasser	0,03
Salz	0,27
Gesamt	**18,30**

Checkpoint 3

Zu diesen Einzelkosten kommen Gemeinkosten hinzu, die anteilig zugerechnet werden müssen, wie z. B.:

- Kosten für die Beschaffung der Zutaten,
- Lagerkosten für die Zutaten,
- Kosten für die Verarbeitung,
- Vertriebskosten und
- Verwaltungskosten.

In Kapitel C5 wurde bereits erläutert, wie Zuschlagsätze zur Zurechnung von Gemeinkosten ermittelt werden. Unter „Checkpoint 8" im Kapitel C5 können Sie diese Erläuterungen noch einmal nachlesen.

In der Großbäckerei sind aufgrund von Erfahrungswerten die folgenden Zuschlagsätze für die verschiedenen Gemeinkostenarten festgesetzt worden:

- Materialgemeinkosten (Lager, Beschaffung): 20 % auf die Materialeinzelkosten
- Fertigungsgemeinkosten: 51 Euro/Std. bei 100 Minuten Fertigungszeit pro 1.000 Brötchen
- Vertriebskosten (u. a. Verkauf in den Filialen): 80 % auf die Herstellkosten (Material- plus Fertigungskosten)
- Verwaltungskosten: 20 % auf die Herstellkosten.

Die Gesamtkosten der Brötchen setzen sich wie folgt zusammen:

Kosten Produktion

Gesamtkosten für 1.000 Brötchen	
Kostenart	**Euro pro 1.000 Stück**
Materialeinzelkosten	18,30
Materialgemeinkosten (20 % der Materialeinzelkosten)	3,66
Fertigungskosten (51 Euro/Std. x 100 min./60)	85,00
Zwischensumme: Herstellkosten	*106,96*
Vertriebskosten (80 % der Herstellkosten)	85,57
Verwaltungskosten (20 % der Herstellkosten)	21,39
Zwischensumme: Overheadkosten	*106,96*
Gesamtkosten pro 1.000 Brötchen	**213,92**
Kosten pro Brötchen (Stückkosten)	**0,21**

Checkpoint 3

Wenn Sie einen Verkäufermarkt bedienen, können Sie auf der Grundlage dieser Kostenkalkulation Ihren Verkaufspreis relativ frei bestimmen. Verlangen Sie z. B. einen Mindestgewinn in Höhe von 15 % Ihrer Kosten, werden Sie den Verkaufspreis für 1.000 Brötchen auf 246,01 Euro festsetzen (213,92 x 1,15), d. h. der Preis pro Brötchen liegt bei mindestens 25 Cent.

Preiskalkulation

Kalkulation des Verkaufspreises für Brötchen	
	Euro
Gesamtkosten pro 1000 Brötchen	213,92
Gewinnaufschlag (15 % auf die Kosten)	53,48
Verkaufspreis für 1000 Brötchen (Kosten + Gewinnaufschlag)	**246,01**
Verkaufspreis für 1 Brötchen (gerundet)	**0,25**

Der Produkterfolg für das Produkt Brötchen läge demnach bei 0,04 Euro pro Stück (Verkaufspreis - Kosten = 0,25 - 0,21 = 0,04).

Wenn Sie einen Käufermarkt bedienen, setzen Sie Ihren Verkaufspreis nach den Bedingungen des Markts fest. Liegt der Marktpreis z. B. bei 0,26 Euro pro Stück, ermitteln Sie nach Abzug der Gesamtkosten vom Stückpreis einen Produkterfolg von 0,05 Euro pro Stück.

PER Produktion
Checkpoint 1

Produkt-Erfolgsrechnung für 1.000 Brötchen	
	Euro pro 1.000 Stück
Umsatz	**260,00**
Materialeinzelkosten	18,30
Materialgemeinkosten (20 % der Materialeinzelkosten)	3,66
Fertigungskosten (51 Euro/Std. x 100 min./60)	85,00
Zwischensumme: Herstellkosten	***106,96***
Vertriebskosten (80 % der Herstellkosten)	85,57
Verwaltungskosten (20 % der Herstellkosten)	21,39
Zwischensumme: Overheadkosten	***106,96***
Gesamtkosten pro 1.000 Brötchen	**213,92**
Produkterfolg für 1.000 Brötchen	**46,08**
Produkterfolg für 1 Brötchen (gerundet)	**0,05**

Dieses Schema für Ihre Produkt-Erfolgsrechnung aufzustellen, kostet viel Mühe. Aber wenn Sie es geschafft haben, können Sie das gleiche Schema für alle Ihre Produkte einsetzen. Und damit haben Sie schon eine wichtige Voraussetzung für eine solide Unternehmenssteuerung geschaffen.

Eine Warnung darf an dieser Stelle nicht fehlen: Bevor Sie sich entscheiden, ein Produkt wegen eines geringen oder negativen Produkterfolgs aufzugeben, sollten weitere Überlegungen aus Marketingsicht angestellt werden:

- Gibt es vielleicht andere Produkte, die nur mit diesem Produkt zusammen verkäuflich sind?
- Handelt es sich um ein Produkt, das trotz eines geringen Stückerfolgs durch die hohe Absatzmenge einen guten Beitrag zum Gesamterfolg bringt?
- Fallen wirklich auch alle dem Produkt zugerechneten Gemeinkosten weg, wenn dieses Produkt aus dem Sortiment genommen wird? Oder werden diese nur einfach auf andere Produkte verteilt?

Diese Aspekte werden in Kapitel F im Zusammenhang mit der Deckungsbeitragsrechnung weiter vertieft.
Wenn Anbieter auf dem Markt langfristig günstiger anbieten, als Sie selbst produzieren, könnten Sie überlegen, Ihre eigene Produktion einzustellen und sich nur noch auf das **Verkaufen** von Brötchen in Ihren Filialen zu beschränken. Vor einer solchen Entscheidung sollten Sie auf jeden Fall überprüfen, welche Gemeinkosten Sie wirklich einsparen. Außerdem wäre zu bedenken, dass Sie mit dieser Entscheidung eine grundlegende strategische Veränderung Ihres Unternehmens vornehmen würden. Sie wären auf Dauer keine Großbäckerei mehr, sondern nur noch ein Backwarenverkauf. Das würde u. a. die Gefahr beinhalten, dass sich Kunden abwenden, weil sie befürchten, nicht mehr die gewohnte Qualität zu erhalten. Außerdem wäre es möglich, dass sich die Kosten- und Preisverhältnisse in Kürze wieder ändern.
Mit der Produkt-Erfolgsrechnung schaffen Sie sich eine große Entscheidungshilfe für die Steuerung Ihres Unternehmens. Das macht das Controlling so wertvoll: Sie haben eine sichere Basis, auf der Sie Entscheidungen treffen und überprüfen können.

3 Wie ermitteln Sie als Dienstleister den Erfolg Ihrer Dienstleistungen?

Es gibt Dienstleistungsunternehmen, die Standarddienstleistungen zu festen Listenpreisen anbieten. Meistens handelt es sich dabei um Leistungen, die auf Stundenbasis zu festen Stundensätzen verkauft werden. Die Kalkulation dieser Leistungen ist einfach, wenn das Unternehmen ausschließlich diese Standarddienstleistungen anbietet. Sie brauchen nur alle Kosten des Unternehmens zusammenzurechnen und durch die Anzahl der geplanten Stunden zu dividieren. Schon haben Sie den Stundenkostensatz für Ihre Leistung ermittelt. Der Stundensatz, der den Kunden in Rechnung gestellt wird, muss dann mindestens genauso hoch sein wie Ihr Stundenkostensatz, wenn Sie keinen Verlust machen wollen.
Die meisten Dienstleister bieten aber sowohl Standarddienstleistungen, als auch individuell für den jeweiligen Kunden zusammengestellte Leistungen an. Diese Aufträge müssen jeweils einzeln kalku-

liert werden, weil sie sich aus verschiedenen Bausteinen immer wieder neu zusammensetzen. Die Kalkulation solcher Einzelaufträge unterscheidet sich aber gar nicht so stark, wie immer vermutet wird, von der Produktkalkulation aus dem vorhergehenden Kapitel. Auch hier werden Einzelkosten den Dienstleistungen direkt zugerechnet und Gemeinkosten müssen über Zuschläge verrechnet werden. Ein großer Unterschied zu Produktionsunternehmen besteht darin, dass Dienstleistungen im Wesentlichen Personalkosten verursachen, und zwar sowohl für eigenes Personal als auch für Zeitarbeitskräfte und den Einsatz von Fremdfirmen.

Dabei fallen die Kosten für das eigene Personal unabhängig davon an, ob Sie Aufträge haben oder nicht. Die Kosten für Zeitarbeitskräfte und Fremdfirmen entstehen dagegen nur, wenn Sie diese tatsächlich für die Erstellung einer Dienstleistung einsetzen. Die Kosten für Zeitarbeitskräfte und Fremdfirmen sind somit als Einzelkosten jeder Dienstleistung direkt zuzuordnen, während die Personalkosten eigener Mitarbeiter Gemeinkosten sind und sich nicht direkt zurechnen lassen.

Das folgende Beispiel zeigt zunächst, wie die Gesamtkosten des Unternehmens erfasst werden, um dann auf dieser Grundlage Zuschlagsätze für die Zuordnung der Gemeinkosten zu bestimmen.

Checkpoint 4

Beispiel zur Ermittlung des Produkterfolgs (Dienstleistung):

Das Beispielunternehmen ist ein Dienstleistungsunternehmen im Medienbereich. Es erstellt für andere Unternehmen Hörbeiträge auf CD-ROM, die gesprochene und mit Musik unterlegte Werbung für verschiedene Verwendungszwecke enthalten. Es beschäftigt fest angestellte Mitarbeiter, setzt zusätzlich Zeitarbeitskräfte ein und nimmt außerdem für die Produktion der Hörbeiträge Fremdfirmen in Anspruch. Zusätzlich werden Berufssprecher engagiert, die ein Sprecherhonorar erhalten.

Im letzten Jahr hat das Unternehmen einen Umsatz in Höhe von 10 Mio. Euro erwirtschaftet. Die gesamten Kosten lagen bei 9 Mio. Euro. Die Verteilung der Kosten auf die einzelnen Kostenarten zeigt die folgende Tabelle:

Kosten Dienstleistung

Kostenaufstellung für Mediaagentur	
Kostenart	**Euro**
Sprecherhonorare	1.000.000
Fremdleistungen	2.000.000
Zeitarbeitskräfte	2.000.000
Personalkosten eigener Dienstleister	2.700.000
Summe Einzelkosten	**7.700.000**
Personalkosten Verwaltung	500.000
Mietkosten	50.000
Kfz-Kosten	30.000
Reisekosten	50.000
Werbekosten	500.000
Abschreibungen	28.000
Reparatur-/Instandhaltungskosten	2.000
sonstige betriebliche Kosten	50.000
Zinskosten	10.000
Steuern	80.000
Summe Gemeinkosten	**1.300.000**
Gesamtkosten	**9.000.000**

Die ersten drei Positionen (Sprecherhonorare, Fremdleistungen, Zeitarbeitskräfte) sind Einzelkosten, weil sie jeder einzelnen Dienstleistung eindeutig verursachungsgerecht zugeordnet werden können. Die Personalkosten der eigenen Dienstleister werden über Stundenaufschreibungen zugerechnet. Sie werden dadurch „zu Einzelkosten gemacht". Wenn die eigenen Dienstleister im letzten Jahr insgesamt 60.000 produktive Stunden geleistet haben, ergibt das einen Stundensatz von 45 Euro/Std. (2.700.000 Euro : 60.000 Std.). Die übrigen Kosten sind Gemeinkosten, die über Zuschläge zugerechnet werden.

Für eine konkrete Dienstleistung sind im letzten Jahr die folgenden Einzelkosten entstanden:

- Sprecherhonorare: 1.000 Euro
- Fremdleistungen: 1.000 Euro
- Zeitarbeitskräfte: 40 Std. zu 50 Euro/Std. = 2.000 Euro
- Eigene Dienstleister: 100 Std. zu 45 Euro/Std. = 4.500 Euro

Die übrigen Kosten (Gemeinkosten) wurden alle auf der Basis der Einzelkosten zugerechnet: Insgesamt sind im letzten Jahr 7,7 Mio. Euro an Einzelkosten und 1,3 Mio. Euro an Gemeinkosten angefallen. Die Gemeinkosten betragen also 16,9 % von den Einzelkosten (1,3 Mio. Euro : 7,7 Mio. Euro).
Das heißt, zu jedem Euro an Einzelkosten kommen weitere 0,169 Euro an Gemeinkosten hinzu.

Wenn man diese Gemeinkosten nach Kostenpositionen getrennt ausweisen möchte, ist für jede Kostenposition ein eigener Zuschlagsatz zu ermitteln:

- Die Personalkosten Verwaltung werden mit 6,49 % auf die Einzelkosten zugeschlagen (500.000 : 7,7 Mio. = 6,49 %),
- die Mietkosten mit 0,65 % (50.000 : 7,7 Mio. = 0,65 %) usw.

Für die Dienstleistung aus dem letzten Jahr kommen daher zu den Einzelkosten in Höhe von 8.500 Euro (1.000 + 1.000 + 2.000 + 4.500) weitere 552 Euro (6,49 % x 8.500 Euro) an Personalkosten Verwaltung hinzu, Mietkosten in Höhe von 55 Euro (0,65 % x 8.500 Euro) usw.

Wenn der Umsatz für die Dienstleistung 12.000 Euro betragen hat, erhalten Sie die folgende Produkt-Erfolgsrechnung für diese Dienstleistung. Der Produkterfolg wird durch Abzug der Gesamtkosten vom Umsatz ermittelt.

PER
Dienstleistung
Checkpoint 1

Produkt-Erfolgsrechnung Dienstleistung	
	Euro
Umsatz	**12.000**
Sprecherhonorare	1.000
Fremdleistungen	1.000
Zeitarbeitskräfte	2.000
Zwischensumme „echte" Einzelkosten	**4.000**
Personalkosten eigene Dienstleister	4.500
Zwischensumme gesamte Einzelkosten	**8.500**
Personalkosten Verwaltung (6,49 %)	552
Mietkosten (0,65 %)	55
Kfz-Kosten (0,39 %)	33
Reisekosten (0,65 %)	55
Werbekosten (6,49 %)	552
Abschreibungen (0,36 %)	31
Reparatur-/Instandhaltungskosten (0,03 %)	3
sonstige betriebliche Kosten (0,65 %)	55
Zinskosten (0,13 %)	11
Steuern (1,04 %)	88
Zwischensumme Gemeinkosten	**1.435**
Gesamtkosten	**9.935**
Produkterfolg	**2.065**

Die hier betrachtete Dienstleistung wurde bereits im letzten Jahr erbracht. Bei dieser Produkt-Erfolgsrechnung handelt es sich demnach um eine so genannte „Nachkalkulation“. Sie können die Daten aber auch als Grundlage für zukünftige Angebotskalkulationen (Vorkalkulationen) verwenden. Handelt es sich bei einer Dienstleistung um einen individuellen Einzelauftrag, ist die Nachkalkulation nur bedingt weiterverwendbar. Für jeden neuen Einzelauftrag muss eine eigene Kalkulation erstellt werden, die auf die Besonderheiten des Auftrags eingeht (unterschiedlicher Einsatz von Fremdfirmen, unterschiedliche Stundenzahlen etc.). Sie können sich aber einen „Baukasten“ mit Einzelleistungen schaffen, aus dem Sie jeden Auftrag individuell zusammenstellen.

Genau wie in dem Beispiel für den Massenfertiger, schaffen Sie auch als Dienstleister mit dieser Methode die Voraussetzungen für eine erfolgreiche Unternehmenssteuerung. Der wesentliche Unterschied in der Vorgehensweise zwischen Produktion und Dienstleistung besteht darin, dass Sie in der Produktion die vier verschiedenen Gemeinkostenarten (Material, Fertigung, Verwaltung und Vertrieb) mit drei verschiedenen Bezugsgrößen (Materialeinzelkosten, Fertigungsminuten, Herstellkosten) zurechnen, während Sie für die Dienstleistung alle Gemeinkosten durch eine einzige Bezugsgröße, nämlich die gesamten Einzelkosten, verrechnen.

Die Kalkulation der Personalkosten der eigenen Dienstleister auf Stundenbasis steht und fällt damit, dass Sie die produktiven Stunden richtig schätzen. Im Beispiel waren 60.000 produktive Stunden im Jahr für die eigenen Dienstleister eingeplant. Daraus ergab sich der Stundensatz von 45 Euro/Std. (2.700.000 Euro : 60.000 Std.). Wenn Sie am Ende des Jahres feststellen sollten, dass Ihre Leute weniger produktive Stunden geleistet haben, z. B. nur 54.000 Stunden, kann das viele Gründe haben: Sie könnten z. B. weniger Aufträge abgewickelt haben als geplant. Oder Ihre Leute haben schneller gearbeitet als geplant. Oder die restlichen 6.000 Stunden waren nicht anrechenbar, weil sie für Aufräumen, Saubermachen, Verwaltungstätigkeiten o. Ä. verwendet wurden.

Auf jeden Fall bedeutet es, dass alle Ihre Kalkulationen aus dem letzten Jahr falsch sind. Eigentlich hätten Sie nämlich statt 45 Euro/Std. einen Satz von 50 Euro/Std. ansetzen müssen
(2.700.000 Euro : 54.000 Std.).

Der Auftrag aus dem Beispiel hätte für 100 Stunden der eigenen Dienstleister mit 5.000 Euro kalkuliert werden müssen statt mit 4.500 Euro. Ihr Erfolg reduziert sich damit von 2.065 Euro auf 1.565 Euro für diesen Auftrag. Diesen Fehler können Sie rückwirkend nicht wieder gut machen.

Wenn Sie auf einem Verkäufermarkt tätig sind, könnten Sie aber zumindest für die Zukunft den Verkaufspreis Ihrer Dienstleistungen erhöhen, um weitere Verluste zu vermeiden. Wenn dagegen der Markt den Preis bestimmt, haben Sie diese Wahl nicht. Sie müssen herausfinden, warum Ihre Mitarbeiter weniger produktive Stunden geleistet haben: Liegt es daran, dass Sie weniger Aufträge haben als erwartet, müssen Sie schnellstens für neue Aufträge sorgen oder Ihre Mitarbeiter anderweitig einsetzen, damit sie dort Erträge erwirtschaften oder Kosten einsparen helfen. Falls es sich um einen dauerhaften Rückgang an Aufträgen handelt, müssen Sie vielleicht sogar Mitarbeiter entlassen. Falls Ihre Mitarbeiter zu viele Stunden für unproduktive Arbeiten verbraucht haben, müssen Sie an dieser Stelle eine Änderung herbeiführen. Ist die Stundenzahl zurückgegangen, weil Ihre Leute schneller gearbeitet haben, können Sie diese Entwicklung positiv für sich nutzen, wenn Sie Ihren Kunden trotzdem die volle Stundenzahl berechnen können. Dann sind Ihre Kalkulationen auch nach wie vor richtig, da Sie die geplante Zahl an produktiven Stunden auch weiter berechnen können. Vielleicht können Sie Ihren Erfolg dann sogar noch weiter steigern, indem Sie die gewonnene Zeit für neue Aufträge einsetzen.

4 Wie ermitteln Sie als Auftragsfertiger den Erfolg Ihrer Aufträge?

Unternehmen, die Einzelaufträge fertigen wie das Bau- oder Baunebengewerbe, Schiffsbauer, Anlagenbauer oder Handwerksunternehmen, müssen jeden Auftrag einzeln kalkulieren. Das Kalkulationsschema ähnelt dem des Dienstleistungsunternehmens, da auch Dienstleistungen häufig Einzelaufträge darstellen. Es wird allerdings durch weitere Kostenpositionen ergänzt, die bei einem Dienstleistungsunternehmen nicht anfallen, wie z. B. Materialkosten und Fertigungskosten. Das Schema ist demnach eine Mischung aus dem Kalkulationsschema für die Massenproduktion und dem für Dienstleistungen. Einzelne Positionen können stärker untergliedert werden, wie z. B. die Materialkosten nach Materialarten, die Position Fremdleistungen nach unterschiedlichen Gewerken und die Personalkosten eigener Dienstleister nach unterschiedlichen Dienstleistungsarten.

Das Schema für die Produkt-Erfolgsrechnung eines Einzelauftragsfertigers könnte demnach wie folgt aussehen: Checkpoint 5

PER Auftragsfertigung Checkpoint 1

Produkt-Erfolgsrechnung Auftragsfertigung	
Umsatz	
Materialeinzelkosten (Holz)	
Materialeinzelkosten (Stahl)	
Materialeinzelkosten (sonstiges)	
Fremdleistungen (Schreinergewerk)	
Fremdleistungen (Metallgewerk)	
Fremdleistungen (sonstiges)	
Zeitarbeitskräfte	
Zwischensumme „echte" Einzelkosten	
Personalkosten eigener Dienstleister (Stundenkostensatz 1)	
Personalkosten eigener Dienstleister (Stundenkostensatz 2)	
Personalkosten eigener Dienstleister (Stundenkostensatz 3)	
Zwischensumme gesamte Einzelkosten	
Personalkosten Verwaltung	
Mietkosten	
Kfz-Kosten	
Reisekosten	
Werbekosten	
Abschreibungen	
Reparatur-/Instandhaltungskosten	
sonstige betriebliche Kosten	
Zinskosten	
Steuern	
Zwischensumme Gemeinkosten	
Gesamtkosten	
Produkterfolg	

Die weiteren Schritte für den Auftragsfertiger ergeben sich analog zu denen für das Produktions- und das Dienstleistungsunternehmen: Sie stellen für jeden Auftrag die Positionen nach den Wünschen der Kunden zusammen. Die Einzelkosten ermitteln Sie entsprechend der erforderlichen Menge an externen und internen Leistungen, bewertet mit festen Verrechnungssätzen. Die Gemeinkosten können Sie wie beim Produktionsunternehmen in vier nach Material, Fertigung, Verwaltung und Vertrieb untergliederten Zuschlägen mit unterschiedlichen Bezugsgrößen zurechnen, wenn der Gemeinkostenanteil hoch ist. Sie können sie aber auch wie beim Dienstleistungsunternehmen mit nur einer Bezugsgröße zuschlagen, wenn der Anteil eher gering ist.

Der gewünschte Preis pro Auftrag ergibt sich auf einem Verkäufermarkt aus den Gesamtkosten plus Gewinnzuschlag. Auf einem Käufermarkt wird der Preis vom Markt festgesetzt. Die Differenz zwischen Preis (Umsatz) und Gesamtkosten ergibt den Erfolg des Auftrags.

In Kapitel F werden die Produkt-Erfolgsrechnungen unter dem Blickwinkel der Deckungsbeitragsrechnung noch einmal aufgegriffen und vertieft.

Zusammenfassung:

Es gibt drei gute Gründe eine Produkt-Erfolgsrechnung in Ihrem Unternehmen einzusetzen:

1. Sie hilft Ihnen, Verkaufspreise zu kalkulieren und festzustellen, mit welchen Produkten Sie einen Erfolg erwirtschaften.
2. Sie hilft Ihnen, Ihr Produktsortiment strategisch richtig zusammenzustellen.
3. Sie unterstützt Sie bei Make-or-Buy-(Outsourcing-)Entscheidungen.

Das Schema einer Produkt-Erfolgsrechnung ist für Unternehmen aus allen Branchen ähnlich: Einzelkosten und Gemeinkosten werden getrennt voneinander erfasst. Bestimmte Gemeinkostenarten lassen sich „zu Einzelkosten machen" wie z. B. die Fertigungsgemeinkosten eines Produktionsunternehmens oder die Personalkosten der „eigenen Dienstleister" in einem Dienstleistungsunternehmen. Die restlichen Gemeinkosten werden den Produkten, Dienstleistungen oder Aufträgen über Zuschläge pauschal zugerechnet.

Das Kalkulationsschema für ein Unternehmen, das Einzelaufträge fertigt, stellt eine Mischung aus den beiden Kalkulationsschemata von Produktions- und Dienstleistungsunternehmen dar. Vorkalkulationen von Massenproduzenten werden einmalig erstellt und dann für jeden Auftrag wieder verwendet. Einzelauftragsfertiger erstellen grundsätzlich für jeden Auftrag ein neues Angebot. Dienstleistungsunternehmen kalkulieren Standarddienstleistungen einmalig wie der Massenfertiger und individuelle Einzeldienstleistungen jeweils einzeln wie der Einzelauftragsfertiger.

Checkliste D

Checkliste D: Produkt-Erfolgsrechnung
1. Regelmäßige Nachkalkulation von bereits abgearbeiteten Aufträgen
2. Festlegen von längerfristig gültigen Zuschlagsätzen für Gemeinkosten
3. Massenproduzenten: Vorkalkulationen in regelmäßigen Abständen überprüfen, Angebote mit festen Listenpreisen
4. Dienstleistungsunternehmen: Vorkalkulationen getrennt nach Standarddienstleistungen (wie 3) und individuellen Aufträgen (wie 5)
5. Einzelauftragsfertiger: Vorkalkulationen (Angebotskalkulationen) für jeden Einzelauftrag neu

E Der Profit-Center-Erfolg

Sie sind ungehalten: Ihre Bank, die seit über 20 Jahren Ihr privates Konto führt, hat Ihnen mitgeteilt, dass sie nur noch bis zum Ende des Jahres Privatkunden betreut. Danach wird sie alle Aktivitäten auf das Firmenkundengeschäft konzentrieren. Man macht Ihnen das Angebot, zu der von Ihrer Hausbank neu gegründeten Direktbank zu wechseln. Andernfalls werden Sie gebeten, zu kündigen und Ihr Konto bei einer anderen Bank zu eröffnen.

Wütend fragen Sie Ihren langjährigen Kundenbetreuer, wie es zu dieser für Sie schwer wiegenden Veränderung kommen konnte. Er erklärt Ihnen, dass die Bank vor einem Jahr – auf Anraten einer Unternehmensberatungsgesellschaft – ihr Controlling erweitert hat.

Seitdem werden regelmäßig die Ergebnisse der verschiedenen Profit Center untersucht, die nach Kundengruppen untergliedert sind.
Das Ergebnis zeigt eine positive Gewinnsituation im Firmenkundengeschäft und Verluste im Privatkundenbereich. Aus diesem Grund hat man sich entschlossen, das Privatkundengeschäft auszugliedern und in einer eigenen Gesellschaft zu bearbeiten. Man geht davon aus, dass das Privatkundengeschäft dort als Kerngeschäft effizienter gestaltet werden kann und man dann demnächst auch wieder Erfolg mit dieser Kundengruppe erwirtschaften wird.
Die Entscheidung Ihrer Bank beruht auf den Ergebnissen einer Profit-Center-Rechnung. Ohne diese Rechnung hätte sie nicht einmal gewusst, dass sie mit der Kundengruppe „Privatkunden" Verluste macht.

1 Wie ermitteln Sie einen Profit-Center-Erfolg?

Ein Profit Center ist ein klar abgegrenzter Verantwortungsbereich (eine Abteilung), der sowohl externe Umsätze erwirtschaftet als auch Kosten verursacht. Der Profit-Center-Leiter ist für den Erfolg des Profit Centers verantwortlich. Daher sollten er und seine Mitarbeiter nach Möglichkeit auch an dem erwirtschafteten Erfolg finanziell beteiligt sein.

Checkpoint 1

Profit Center lassen sich u. a. nach Produktsparten oder – wie im Bankenbeispiel – nach Kundengruppen organisieren. Der Erfolg eines Profit Centers ist der zusammengefasste Erfolg aller Produkte oder Aufträge, die von diesem Profit Center betreut werden. Daher benötigen Sie die Kosten und Umsätze nach Produkten oder Aufträgen untergliedert, um eine Profit-Center-Rechnung aufzubauen. Wenn Sie bereits eine Produkt-Erfolgsrechnung (vgl. Kapitel D) erstellt haben, lassen sich daraus relativ einfach die Erfolge Ihrer Profit Center ermitteln.

Checkpoint 2

Angenommen, Ihre Profit Center sind nach Produktsparten untergliedert. In einer Bäckerei könnten das z. B. die Sparten Backwaren, Snacks und Konditoreiprodukte sein. Anschließend addieren Sie alle Produkt-Erfolgsrechnungen der Produkte einer Sparte zusammen. Das Ergebnis ist eine Profit-Center-Erfolgsrechnung mit drei Profit

Centern, die die drei Produktsparten repräsentieren. Damit diese Zusammenführung zu den Sparten gelingt, müssen Sie jedes Ihrer Produkte (oder jede Dienstleistung) neben seiner Artikelnummer außerdem mit einer Zahlenkombination versehen, die anzeigt, zu welcher Sparte dieses Produkt (oder die Dienstleistung) gehört. Dadurch ergeben sich – insbesondere für die Bearbeitung mit EDV – Nummernkreise, die selbst die richtige Zuordnung beinhalten.

Wenn Sie Ihre Profit Center nach Kundengruppen gliedern, können Sie nicht Produkt-Erfolgsrechnungen aufaddieren, weil jeder Kunde jedes Produkt kaufen kann. Sie erfassen daher die **Aufträge** Ihrer Kunden. Das heißt, Sie stellen Kunde für Kunde oder Kundengruppe für Kundengruppe fest, welche Produkte in welchen Stückzahlen pro Auftrag gekauft wurden. Wenn Sie als Dienstleister oder Auftragsfertiger bereits eine Auftrags-Erfolgsrechnung haben (vgl. Kapitel D), ist diese Grundlage schon vorhanden. Anschließend addieren Sie die jeweils zu einer Kundengruppe gehörenden Auftrags-Erfolgsrechnungen zur Profit-Center-Erfolgsrechnung. Checkpoint 3

Das Gleiche gilt für eine Profit-Center-Gliederung nach regionalen Gesichtspunkten, wenn Sie Verkaufsbüros oder Filialen in verschiedenen Städten oder Ländern betreiben. Auch in diesem Fall können alle Produkte überall verkauft werden und Sie müssen für jede regionale Einheit feststellen, wie viel dort von jedem Produkt verkauft wurde. Anschließend addieren Sie diese Daten pro Verkaufsstelle.

Zwei Beispiele sollen Ihnen die verschiedenen Vorgehensweisen verdeutlichen.

Beispiel: Teil-Erfolgsrechnungen zur Profit-Center-Erfolgsrechnung zusammenfassen

1. Fall: Profit Center nach Produktsparten

Wenn Sie Ihre Profit Center nach Sparten untergliedert haben, wird jede Sparte von einem eigenen Profit Center betreut. Die Sparte 034 soll aus den Produkten (oder Dienstleistungen) 1 und 2 bestehen. Von diesen Produkten wurden im Abrechnungszeitraum insgesamt 100 Stück (Produkt 1) zu je 100 Euro/Stück bzw. 1.000 Stück (Produkt 2) zu je 20 Euro/Stück verkauft. Im Sinne der Übersichtlichkeit werden in diesem Beispiel nur zwei Kostenarten ausgewiesen.

PC-ER Sparten

Profit-Center-Erfolgsrechnung nach Sparten					
	Produkt 1 (100 Stück)		Produkt 2 (1.000 Stück)		Sparte 034 = Profit Center
	Euro/St.	Euro	Euro/St.	Euro	Euro
Umsatz	**100**	**10.000**	**20**	**20.000**	**30.000**
Kostenart 1	40	4.000	5	5.000	9.000
Kostenart 2	50	5.000	12	12.000	17.000
Produkterfolg/ Spartenerfolg = Profit-Center-Erfolg	**10**	**1.000**	**3**	**3.000**	**4.000**

Der Erfolg der Sparte addiert sich aus den Produkterfolgen der Produkte 1 und 2 zu 4.000 Euro in der Abrechnungsperiode.

2. Fall: Profit Center nach Kundengruppen

Wenn Sie Ihre Profit Center nach Kundengruppen untergliedert haben, wird jede Kundengruppe von einem eigenen Profit Center betreut. Die Kundengruppen sind in diesem Beispiel nach Auftragshöhe unterteilt. Zur Kundengruppe 03 gehören alle Kunden, die bei Ihnen für weniger als 10.000 Euro Auftragsumsatz sorgen. Ihr Unternehmen ist ein Massenproduzent oder Sie erbringen Standarddienstleistungen. Die Kundengruppe 03 hat im Abrechnungszeitraum nur zwei Aufträge an Sie erteilt. Der eine Auftrag setzt sich zusammen aus zehn Stück des Produkts 1 aus dem obigen Beispiel und 200 Stück des Produkts 2. Der zweite Auftrag enthält nur zwei Stück des Produkts 1.

Auftrags-ER Produktion

Zusammenstellung von Auftrag 1 aus Produkten					
	Produkt 1 (10 Stück)		Produkt 2 (200 Stück)		Auftrag 1
	Euro/St.	Euro	Euro/St.	Euro	Euro
Umsatz	**100**	**1.000**	**20**	**4.000**	**5.000**
Kostenart 1	40	400	5	1.000	1.400
Kostenart 2	50	500	12	2.400	2.900
Produkterfolg/ Auftragserfolg	**10**	**100**	**3**	**600**	**700**

Auftrags-ER Produktion

Zusammenstellung von Auftrag 2 (Auftrags-Erfolgsrechnung)					
	Produkt 1 (2 Stück)		**Produkt 2**		**Auftrag 2**
	Euro/St.	**Euro**	**Euro/St.**	**Euro**	**Euro**
Umsatz	**100**	**200**			**200**
Kostenart 1	40	80			80
Kostenart 2	50	100			100
Produkterfolg und Auftragserfolg	**10**	**20**			**20**

PC-ER Kunden

Profit-Center-Erfolgsrechnung nach Kundengruppen			
	Auftrag 1 **Euro**	**Auftrag 2** **Euro**	**Kundengr. 03 = Profit Center** **Euro**
Umsatz	**5.000**	**200**	**5.200**
Kostenart 1	1.400	80	1.480
Kostenart 2	2.900	100	3.000
Produkterfolg und Spartenerfolg = Profit-Center-Erfolg	**700**	**20**	**720**

Der Erfolg der Kundengruppe 03 und damit der Profit-Center-Erfolg beträgt im Abrechnungszeitraum 720 Euro.

Als Einzelauftragsfertiger oder Dienstleister ohne Standarddienstleistungen entfallen die beiden Schritte, bei denen Produkte zu Aufträgen zusammengefasst werden (die ersten beiden Tabellen), da für jeden einzelnen Auftrag bereits eine Auftrags-Erfolgsrechnung vorliegt (vgl. Kapitel D4). Es können dann sofort die Aufträge zu Kundengruppen zusammengefasst werden (dritte Tabelle).

2 Was gilt für Serien- oder Massenfertiger?

Checkpoint 4

An dem Beispiel konnten Sie erkennen, dass es für einen Massenfertiger relativ leicht ist, Profit-Center-Erfolge zu ermitteln, wenn er bereits eine Produkt-Erfolgsrechnung hat: Die Sparten können durch einfaches Aufsummieren aller Produkt-Ergebnisse, die zu der jeweiligen Sparte gehören, zusammengefasst werden. Haben Sie Ihre Profit Center nach Kunden untergliedert, müssen zunächst Auftragserfolge ermittelt werden, die anschließend zu Kundenergebnissen zusammengefasst werden.

Im folgenden Beispiel wird noch einmal auf die Großbäckerei aus den Kapiteln C und D zurückgegriffen und eine Unterteilung nach Filialen vorgenommen, um auf die Besonderheiten der Profit-Center-Erfolgsrechnung für einen Massenproduzenten einzugehen und eine weitere Möglichkeit der Profit-Center-Gliederung (nach Regionen) zu zeigen.

Beispiel zur Profit-Center-Erfolgsrechnung (Massenfertigung):

Die Geschäftsführung der Großbäckerei möchte wissen, welchen Gewinn (oder Verlust) die Filiale Burgstadt-Ost erwirtschaftet. Die Filialen werden als Profit Center geführt, die Filiale Burgstadt-Ost als Profit Center 110. Im Sinne der Verständlichkeit wird in dem Beispiel davon ausgegangen, dass diese Filiale nur Brötchen und Brezeln verkauft.

Im letzten Jahr wurden in der Filiale Burgstadt-Ost insgesamt 390.000 Brötchen und 140.000 Brezeln verkauft. Die Produkt-Erfolgsrechnung für die Brötchen in der nächsten Tabelle wurde aus dem Beispiel in Kapitel D2 übernommen. Die Produkt-Erfolgsrechnung der Brezeln ist neu und wird in der zweiten folgenden Tabelle dargestellt.

PER Brötchen

Produkt-Erfolgsrechnung für 1.000 Brötchen	
	Euro pro 1.000 Stück
Umsatz	**260,00**
Materialeinzelkosten	18,30
Materialgemeinkosten (20 % der Materialeinzelkosten)	3,66
Fertigungskosten (51 Euro/Std. x 100 min./60 min.)	85,00
Zwischensumme: Herstellkosten	**106,96**
Vertriebskosten (80 % der Herstellkosten)	85,57
Verwaltungskosten (20 % der Herstellkosten)	21,39
Zwischensumme: Overheadkosten	**106,96**
Gesamtkosten pro 1.000 Brötchen	**213,92**
Produkterfolg für 1.000 Brötchen	**46,08**
Produkterfolg für 1 Brötchen (gerundet)	**0,05**

PER Brezeln

Produkt-Erfolgsrechnung für 1.000 Brezeln	
	Euro pro 1.000 Stück
Umsatz	**550,00**
Materialeinzelkosten	13,00
Materialgemeinkosten (20 % der Materialeinzelkosten)	2,60
Fertigungskosten (51 Euro/Std. * 250 min./60 min.)	212,50
Zwischensumme: Herstellkosten	**228,10**
Vertriebskosten (80 % der Herstellkosten)	182,48
Verwaltungskosten (20 % der Herstellkosten)	45,62
Zwischensumme: Overheadkosten	**228,10**
Gesamtkosten pro 1.000 Brezeln	**456,20**
Produkterfolg für 1.000 Brezeln	**93,80**
Produkterfolg für 1 Brezel (gerundet)	**0,09**

Da beide Produkte einen positiven Produkterfolg ausweisen, hat auch die Filiale einen Gewinn eingebracht, und zwar in Höhe von 31.103,20 Euro (390 x 46,08 + 140 x 93,80). Fasst man die Produkt-

Erfolgsrechnungen zur Filialen-Erfolgsrechnung zusammen, erhält man folgendes Ergebnis:

PC-ER Filialen

Profit-Center-Erfolgsrechnung nach Filialen

	Brötchen (390.000 Stück)		Brezeln (140.000 Stück)		Filiale = Profit Center 110
	Euro/ 1.000 St.	Euro gesamt	Euro/ 1.000 St.	Euro gesamt	Euro gesamt
Umsatz	**260,00**	**101.400**	**550,00**	**77.000**	**178.400**
Materialeinzelkosten	18,30	7.137	13,00	1.820	8.957
Materialgemeinkosten	3,66	1.427	2,60	364	1.791
Fertigungskosten	85,00	33.150	212,50	29.750	62.900
Zwischensumme: Herstellkosten	**106,96**	**41.714**	**228,10**	**31.934**	**73.648**
Vertriebskosten	85,57	33.372	182,48	25.547	58.919
Verwaltungskosten	21,39	8.342	45,62	6.387	14.729
Zwischensumme: Overheadkosten	**106,96**	**41.714**	**228,10**	**31.934**	**73.648**
Gesamtkosten	**213,92**	**83.429**	**456,20**	**63.868**	**147.297**
Produkterfolg/ Filialenerfolg = Profit-Center-Erfolg	**46,08**	**17.971,20**	**93,80**	**13.132**	**31.103**

Wollen Sie die Produkt-Erfolgsrechnungen außerdem zu einer Sparten-Erfolgsrechnung zusammenfassen, wählen Sie im ersten Schritt die gewünschten Sparten aus, hier z. B. Sparte Backwaren, Sparte Snacks und Sparte Konditoreiprodukte. Dann ordnen Sie alle Produkte der richtigen Sparte zu und summieren anschließend die Produkt-Erfolgsrechnungen zu einer Sparten-Erfolgsrechnung. Wollen Sie eine Kundengruppen-Erfolgsrechnung erstellen, werden Sie zunächst Ihre Kundengruppen festlegen müssen, hier z. B. Laufkundschaft in den Filialen, Hotels, Gaststätten, Krankenhäuser etc.

Anschließend erfassen Sie, welche Produkte in welcher Menge von der jeweiligen Kundengruppe gekauft worden sind. Dann summieren Sie die zu einer Kundengruppe gehörenden Auftrags-Erfolgsrechnungen zur Kundengruppen-Erfolgsrechnung auf.

Da Sie, unabhängig davon, wie Sie Ihre Profit Center gliedern, immer Produkt-Erfolgsrechnungen oder Auftrags-Erfolgsrechnungen summieren, werden auch die Gemeinkosten nur summiert. Dadurch wird die pauschale Zurechnung aus den Produkt-Erfolgsrechnungen übernommen. Selbst bei den Kosten, die sich eindeutig einer bestimmten Filiale (oder Produktsparte oder Kundengruppe) zurechnen lassen, gehen Sie zunächst nicht anders vor. In der oben angegebenen Berechnung sind z. B. die Personalkosten für die Verkäufer in dem Zuschlag von 80 % für die Vertriebskosten enthalten, obwohl sie sich sicher eindeutig den Filialen zurechnen lassen.

Checkpoint 6

In der Produkt-Erfolgsrechnung ist das die einzig mögliche Zuordnung, weil man diese Personalkosten nicht verursachungsgerecht auf Produkte verteilen kann. In einer Profit-Center-Erfolgsrechnung nach Filialen können Sie diese Kosten aber **richtig** zurechnen. Dazu müssen Sie sie aus dem Vertriebskostenzuschlag herausrechnen und stattdessen direkt der jeweiligen Filiale zurechnen. Das folgende Beispiel zeigt Ihnen, wie das geht.

Beispiel zur Profit-Center-Erfolgsrechnung: spezielle Profit-Center-Kosten (Produktion)

Das Beispiel greift noch einmal auf die Profit-Center-Erfolgsrechnung für die Bäckereifiliale in Burgstadt-Ost zurück. In den Vertriebsgemeinkosten sind die Kosten für die Verkäufer in den Filialen enthalten und in den Verwaltungskosten die Mietkosten für die Filialen. Die Vertriebskosten wurden mit einem Zuschlagsatz von 80 % auf die Herstellkosten verrechnet, die Verwaltungskosten mit einem Zuschlagsatz von 20 % auf die Herstellkosten. Jede Filiale hat ein festes Team an Verkäufern, das normalerweise nicht zwischen den Filialen wechselt. Damit sind die Personalkosten dieses Personals eindeutig einer Filiale zuzuordnen. Ebenso lässt sich die Ladenmiete eindeutig der jeweiligen Filiale zurechnen.

Angenommen, die Personalkosten der Verkäufer machen 80 % der Vertriebskosten aus. Wenn Sie sich entscheiden, diese Kosten direkt zuzurechnen, verringert sich der Zuschlagsatz für die Vertriebskosten von 80 % auf 16 %, weil Sie 80 % von 80 % (also 64 %) für die Verkäufer herausrechnen. Genauso gehen Sie bei der Ladenmiete vor: Wenn die Ladenmiete 50 % der Verwaltungskosten ausmacht, verringert sich der Zuschlagsatz für die Verwaltungskosten von 20 % auf 10 %, weil Sie 50 % von 20 % (also 10 %) herausrechnen. Dafür werden die Personalkosten der Verkäufer und die Ladenmiete jetzt direkt in der richtigen Höhe den Filialen zugerechnet.

Die Filiale Burgstadt-Ost hat im letzten Jahr Personalkosten für den Verkauf in Höhe von 45.000 Euro verursacht und Mietkosten in Höhe von 15.000 Euro. Diese Kosten werden jetzt direkt zugerechnet. Die übrigen Gemeinkosten werden anhand der neuen **verringerten** Zuschlagsätze zugerechnet.

spez. PC-Kosten Filiale

Profit-Center-Erfolgsrechnung mit speziellen PC-Kosten	
	Filiale = Profit Center 110 Euro
Umsatz	**178.400**
Materialeinzelkosten	8.957
Materialgemeinkosten	1.791
Fertigungskosten	62.900
Zwischensumme: Herstellkosten	***73.648***
Personalkosten Verkäufer	45.000
Restvertriebskosten (16 %)	11.784
Mietkosten	15.000
Restverwaltungskosten (10 %)	7.365
Zwischensumme: Overheadkosten	***79.149***
Gesamtkosten	**152.797**
Filialenerfolg = Profit-Center-Erfolg	**25.603**

Das Ergebnis zeigt, dass die Filiale Burgstadt-Ost niedrigere Vertriebskosten hat als vorher, aber höhere Verwaltungskosten.

Insgesamt liegen die Kosten höher als vorher und damit der Profit-Center-Erfolg niedriger. Da die Zuordnung der Kosten jetzt richtiger ist als die vorherige, kommt diese Profit-Center-Rechnung beim Vergleich verschiedener Filialen zu einem „gerechteren" Ergebnis.

In Kapitel F5 wird die Profit-Center-Erfolgsrechnung erweitert, sodass sie unter dem Blickwinkel der Deckungsbeitragsrechnung weitere Möglichkeiten bietet. Wenn Sie möchten, können Sie erst einmal die dazwischenliegenden Kapitel überspringen.

3 Was gilt für Dienstleister oder Auftragsfertiger?

Checkpoint 5

Bei Dienstleistern (ohne standardisierte Dienstleistungen) und Auftragsfertigern ist es nicht möglich, Produkterfolge zu einer Kunden-Erfolgsrechnung oder Sparten-Erfolgsrechnung zusammenzufassen, weil es keine Standardprodukte gibt. Hier stellt jeder einzelne Auftrag ein eigenes Produkt (eine Dienstleistung) dar. Daher ist die Vorgehensweise anders als beim Massenproduzenten: Jeder Auftrag muss eindeutig einem Kunden, einer Sparte, einem Profit Center zugeordnet sein, um die Aufträge zu einer Profit-Center-Erfolgsrechnung zusammenfassen zu können. Das folgende Beispiel ist analog für den Auftragsfertiger anwendbar.

Beispiel zur Profit-Center-Erfolgsrechnung (Dienstleistung):
Die Mediaagentur gliedert ihre Profit Center nach Kundengruppen, wie z. B. Radiosender, TV-Sender, Supermärkte und Reiseveranstalter. Das Profit Center 120 ist für die Kundengruppe „Supermärkte" zuständig und hat im letzten Monat zwei Aufträge mit dieser Kundengruppe abgewickelt. Der in der folgenden Tabelle abgebildete Auftrag stammt aus Kapitel D3. In der danach folgenden Tabelle ist die Erfolgsrechnung für einen fiktiven zweiten Auftrag abgebildet.

Auftrags-ER Dienstleistung

Produkt-Erfolgsrechnung Mediaagentur Auftrag 1	
	Euro
Umsatz	**12.000**
Fremdleistungen	1.000
Sprecherhonorare	1.000
Zeitarbeitskräfte	2.000
Personalkosten eigene Dienstleister	4.500
Personalkosten Verwaltung (6,49 %)	552
Mietkosten (0,65 %)	55
Kfz-Kosten (0,39 %)	33
Reisekosten (0,65 %)	55

Produkt-Erfolgsrechnung Mediaagentur Auftrag 1	
	Euro
Werbekosten (6,49 %)	552
Abschreibungen (0,36 %)	31
Reparatur-/Instandhaltungskosten (0,03 %)	3
sonstige betriebliche Kosten (0,65 %)	55
Zinskosten (0,13 %)	11
Steuern (1,04 %)	88
Gesamtkosten	**9.935**
Auftragserfolg	**2.065**

Auftrags-ER Dienstleistung

Produkt-Erfolgsrechnung Mediaagentur Auftrag 2	
	Euro
Umsatz	**24.000**
Fremdleistungen	1.500
Sprecherhonorare	2.000
Zeitarbeitskräfte	4.000
Personalkosten eigene Dienstleister	9.000
Personalkosten Verwaltung (6,49 %)	1.071
Mietkosten (0,65 %)	107
Kfz-Kosten (0,39 %)	64
Reisekosten (0,65 %)	107
Werbekosten (6,49 %)	1.071
Abschreibungen (0,36 %)	59
Reparatur-/Instandhaltungskosten (0,03 %)	5
sonstige betriebliche Kosten (0,65 %)	107
Zinskosten (0,13 %)	21
Steuern (1,04 %)	172
Gesamtkosten	**19.284**
Auftragserfolg	**4.716**

Führt man die beiden Aufträge zusammen, ergibt sich folgende Profit-Center-Erfolgsrechnung. Der Profit-Center-Erfolg errechnet sich aus der Summe der beiden Auftragserfolge, er beträgt 6.781 Euro.

PC-ER Kunden DL

Profit-Center-Erfolgsrechnung nach Kundengruppen			
	Auftrag 1 **Euro**	**Auftrag 2** **Euro**	**Profit Center 120** **Euro**
Umsatz	**12.000**	**24.000**	**36.000**
Fremdleistungen	1.000	1.500	2.500
Sprecherhonorare	1.000	2.000	3.000
Zeitarbeitskräfte	2.000	4.000	6.000
Personalkosten eigene Dienstleister	4.500	9.000	13.500
Personalkosten Verwaltung (6,49 %)	552	1.071	1.623
Mietkosten (0,65 %)	55	107	162
Kfz-Kosten (0,39 %)	33	64	97
Reisekosten (0,65 %)	55	107	162
Werbekosten (6,49 %)	552	1.071	1.623
Abschreibungen (0,36 %)	31	59	90
Reparatur-/Instandhaltungskosten (0,03 %)	3	5	8
Sonstige betriebl. Kosten (0,65 %)	55	107	162
Zinskosten (0,13 %)	11	21	32
Steuern (1,04 %)	88	172	260
Gesamtkosten	**9.935**	**19.284**	**29.219**
Auftrags-/Profit-Center-Erfolg	**2.065**	**4.716**	**6.781**

Checkpoint 6

Genau wie bei den Massenfertigern gibt es auch bei Dienstleistern und Auftragsfertigern Kosten, die sich nicht verursachungsgerecht auf einzelne Aufträge aufteilen lassen, die aber durchaus eindeutig einem Profit Center zuzurechnen sind. Wenn die Profit Center unterschiedlich hohe Gemeinkosten an dieser Stelle haben, empfiehlt es sich, Kosten, die auf Auftragsebene über pauschale Zuschläge zugerechnet wurden, aus dem Zuschlag herauszurechnen und stattdessen den Profit Centern direkt zuzuordnen. Im Beispiel könnten solche Kosten Personalkosten von Mitarbeitern sein, die nur zu diesem einen Profit Center gehören und keine Aufgaben für andere Profit Center erfüllen.

Da die Personalkosten der eigenen Dienstleister bereits über Stundenaufschreibungen den Aufträgen zugerechnet werden, sind sie keine Gemeinkosten mehr und kommen für die Aufteilung nach

Profit Centern nicht mehr in Betracht. Wie im Beispiel der Großbäckerei lassen sich gegebenenfalls weitere Personalkosten, z. B. im Verwaltungsbereich, direkt zuordnen.
Im folgenden Beispiel wird angenommen, dass sich ein Teil der Werbekosten und ein Teil der Reisekosten zwar nicht eindeutig bestimmten Aufträgen zurechnen lässt, aber doch einem bestimmten Profit Center. Wenn diese Kosten eine relevante Größenordnung annehmen, macht es Sinn, sie aus dem pauschalen Zuschlag heraus- und stattdessen direkt zuzurechnen. Der Zuschlagsatz, in dem die Werbekosten bzw. Reisekosten vorher enthalten waren (hier: Vertriebskostenzuschlag), verringert sich dann entsprechend.

Beispiel zur Profit-Center-Erfolgsrechnung: spezielle Profit-Center-Kosten (Dienstleistung):

In den Erfolgsrechnungen für die Aufträge der Mediaagentur werden die Reisekosten bisher mit 0,65 % auf die gesamten Einzelkosten zugeschlagen. Wenn sich z. B. zwei Drittel der Reisekosten des Unternehmens den Profit Centern direkt zurechnen lassen, kann der Zuschlagsatz für die Reisekosten um diese zwei Drittel auf ein Drittel reduziert werden: Er verringert sich von 0,65 % auf 0,22 % (0,65 % x 1/3 = 0,22 % gerundet). Die Werbekosten werden bisher mit 6,49 % zugeschlagen. Wenn die Hälfte der Werbekosten den Profit Centern zugerechnet werden kann, wird der Zuschlagsatz für die Werbekosten auf die Hälfte reduziert: 6,49 % x 1/2 = 3,25 %.

Die tatsächlich für das Profit Center angefallenen Reisekosten betragen 100 Euro, die Werbekosten 500 Euro. Diese Kosten werden dem Profit Center jetzt direkt zugerechnet. Die Profit-Center-Erfolgsrechnung verändert sich dann wie folgt:

spez. PC-Kosten DL

Profit-Center-Erfolgsrechnung mit speziellen PC-Kosten	
	Profit Center 120 Euro
Umsatz	**36.000**
Fremdleistungen	2.500
Sprecherhonorare	3.000
Zeitarbeitskräfte	6.000
Personalkosten eigener Dienstleister	13.500
Zwischensumme gesamte Einzelkosten	**25.000**
Personalkosten Verwaltung (6,49 %)	1.623
Mietkosten (0,65 %)	162
Kfz-Kosten (0,39 %)	97
direkt zugerechnete Reisekosten	100
Restreisekosten (0,22 %)	55
direkt zugerechnete Werbekosten	500
Restwerbekosten (3,25 %)	813
Abschreibungen (0,36 %)	90
Reparatur-/Instandhaltungskosten (0,03 %)	8
sonstige betriebliche Kosten (0,65 %)	162
Zinskosten (0,13 %)	32
Steuern (1,04 %)	260
Gesamtkosten	**28.902**
Profit-Center-Erfolg	**7.098**

Nach der richtigen Zuordnung von Reisekosten und Werbekosten erhöht sich der Profit-Center-Erfolg von 6.781 Euro auf 7.098 Euro, d. h. um 317 Euro. Das Profit Center hat weniger Reisekosten und Werbekosten direkt verursacht als ihm nach den durchschnittlichen Zuschlägen zugerechnet worden wären.

Ein Beispiel für den Nutzen der Zurechnung spezieller Profit-Center-Kosten lässt sich auch bei speziellen Dienstleistern wie z. B. Museen finden. Angenommen, Sie sind Direktor eines kleineren Museums. Typische Angebote des Museums sind: der Museumsbesuch selbst, die Vermietung von Konferenzräumen, eine Cafeteria und ein Museums-Shop. Die vier verschiedenen Angebote werden als Profit Center geführt. Es werden aber außer den direkt zurechenbaren Personalkosten und dem Wareneinkauf keine weiteren Einzelkosten direkt zugerechnet. Die übrigen Kosten werden pauschal mit entsprechenden Zuschlagsätzen zugerechnet. Dadurch erhalten Sie folgendes Bild von der betriebswirtschaftlichen Situation Ihres Museums.

Museum vorher

Zahlenbeispiel Museum (vorher)					
	Museum	**Vermietung Konferenzräume**	**Cafeteria**	**Museums-Shop**	**Gesamt**
Umsatz	**480.000**	**60.000**	**60.000**	**200.000**	**800.000**
Wareneinkauf	0	0	15.000	80.000	95.000
Personal zurechenbar	150.000	0	25.000	30.000	205.000
Summe gesamte Einzelkosten	**150.000**	**0**	**40.000**	**110.000**	**300.000**
Abschreibungen (40 %)	60.000	0	16.000	44.000	120.000
kalk. Miete (35 %)	52.500	0	14.000	38.500	105.000
Personalkosten Verwaltung (25 %)	37.500	0	10.00	27.500	75.000
Werbekosten (10 %)	15.000	0	4.000	11.000	30.000
sonstige Kosten (15 %)	30.000	0	8.000	22.000	60.000
Gesamtkosten	**345.000**	**0**	**92.000**	**253.000**	**690.000**
Profit-Center-Erfolg	**135.000**	**60.000**	**-32.000**	**-53.000**	**110.000**

Das Museum selbst macht offenbar einen großartigen Gewinn, ebenso die Vermietung der Konferenzräume, während Cafeteria und Museums-Shop deutlich defizitär sind.

Erkennen Sie aber die Abschreibungen und die kalkulatorische Miete als spezielle Profit-Center-Kosten, werden Sie diese auch verursachungsgerecht zuordnen. Das heißt, die Abschreibungen werden dem jeweiligen Anlagevermögen in jedem Profit Center zugerechnet, und die kalkulatorische Miete wird entsprechend der von dem

Profit Center genutzten Fläche aufgeteilt. Damit ergibt sich ein realitätsgetreueres Bild von der Situation.

Museum nachher

Zahlenbeispiel Museum (nachher)					
	Museum	**Vermietung Konferenzräume**	**Cafeteria**	**Museums-Shop**	**Gesamt**
Umsatz	**480.000**	**60.000**	**60.000**	**200.000**	**800.000**
Wareneinkauf	0	0	15.000	80.000	95.000
Personal zurechenbar	150.000	0	25.000	30.000	205.000
Summe gesamte Einzelkosten	**150.000**	**0**	**40.000**	**110.000**	**300.000**
spezielle PC-Kosten: Abschreibungen	92.000	10.000	8.000	10.000	120.000
spezielle PC-Kosten: kalk. Miete	83.000	10.000	5.000	7.000	105.000
Personalkosten Verwaltung (25 %)	37.500	0	10.000	27.500	75.000
Werbekosten (10 %)	15.000	0	4.000	11.000	30.000
sonstige Kosten (15 %)	30.000	0	8.000	22.000	60.000
Gesamtkosten	**407.500**	**20.000**	**75.000**	**187.500**	**690.000**
Profit-Center-Erfolg	**72.500**	**40.000**	**-15.000**	**12.500**	**110.000**

Jetzt haben zwar Museum und Konferenzräume immer noch ein positives Ergebnis und die Cafeteria ein negatives. Aber der Museums-Shop macht nach dieser (realitätsnäheren) Rechnung offenbar doch einen Gewinn. Hätten Sie also nach der ersten Rechnung die Schlussfolgerung gezogen, den Museums-Shop schließen zu müssen in der Hoffnung, damit den Gewinn zu erhöhen, hätte es ein „böses Erwachen“ gegeben, weil sich die kalkulatorische Miete und die Abschreibungen maximal in der für den Shop relevanten Höhe hätten einsparen lassen (17.000 Euro) und nicht in Höhe der zunächst zugerechneten 82.500 Euro.

Ein gutes Beispiel, wie Controlling strategische Entscheidungen absichern kann!
Auch die Profit-Center-Erfolgsrechnung für Dienstleister und Auftragsfertiger wird in Kapitel F5 unter dem Blickwinkel der Deckungsbeitragsrechnung vertieft und erweitert. Sie können, wenn Sie möchten, zunächst die dazwischen liegenden Kapitel überspringen.

4 So ermitteln Sie den Gesamtunternehmenserfolg

Checkpoint 7

Wenn Sie eine Produkt-Erfolgsrechnung bzw. eine Profit-Center-Erfolgsrechnung für alle Ihre Produkte (Profit Center) aufgebaut haben, können Sie aus der Summe **aller** Produkt-Erfolgsrechnungen (Profit-Center-Erfolgsrechnungen) Ihren Gesamtunternehmenserfolg ableiten.
Sie brauchen auch keine Korrektur durch eventuell entstandene Bestandsveränderungen vorzunehmen, wie bei der Erfolgsrechnung nach dem Gesamtkostenverfahren (Kapitel B2.3). Da Sie den Gesamterfolg des Unternehmens ermitteln, indem Sie die Produkt- oder Profit-Center-Erfolge zusammenführen, haben Sie keine Kosten für die Produktion auf Lager zu viel erfasst oder Kosten von Produkten, die Sie vom Lager abverkauft haben, zu wenig erfasst. Sie haben genau die Kosten erfasst, die durch die **verkauften** Einheiten entstanden sind. Diese Kosten nennt man daher auch Umsatzkosten, das Verfahren Umsatzkostenverfahren.
Eine kurze Empfehlung zum Schluss: Wenn Sie bisher noch gar keine regelmäßige Erfolgsrechnung einsetzen, sollten Sie mit dem Gesamtkostenverfahren beginnen, um regelmäßig einen schnellen Überblick über Ihre Gesamtunternehmenssituation zu bekommen. Sie können in einem zweiten Schritt eine Verfeinerung über das Umsatzkostenverfahren erreichen, indem Sie Ihren Unternehmenserfolg auf Ihre Produkte oder Dienstleistungen, auf Profit Center, Sparten und/oder Kunden aufteilen. Sie erhalten so eine neue Kalkulationsgrundlage, einen besseren Überblick über die Erfolgssituation Ihres Unternehmens und damit auch ganz neue Steuerungsmöglichkeiten.

5 Wie interpretieren Sie den Profit-Center-Erfolg?

Was fangen Sie mit den Ergebnissen einer Produkt-, Sparten-, Kunden- oder allgemein: einer Profit-Center-Erfolgsrechnung an? Checkpoint 8

Wenn Sie den Erfolg eines Profit Centers ermittelt haben, werden Sie diesen sicher mit dem Leiter des Profit Centers diskutieren. Wie Sie an den Beispielen gesehen haben, kann der Profit-Center-Leiter nicht alle Kosten selbst beeinflussen. Die durch Zuschläge zugeordneten Gemeinkosten sind für ihn praktisch nicht steuerbar. Hier entsteht schier endloser Diskussionsbedarf. Damit der Controller nicht „den Kürzeren zieht", hat er noch eine Trumpfkarte im Ärmel: die mehrstufige Deckungsbeitragsrechnung. Um mehr darüber zu erfahren, lesen Sie bitte in Kapitel F5 weiter.

Zusammenfassung:

Profit Center sind nach Verantwortungsbereichen untergliederte Teileinheiten eines Unternehmens, die für verschiedene Produktsparten zuständig sind oder nach Kundengruppen oder anderen Gliederungskriterien aufgeteilt sind. Profit Center erwirtschaften Erträge und verursachen Kosten. Während Cost Center über Kostenbudgets gesteuert werden, weisen Profit Center einen Erfolg aus und können daher an diesem Erfolg gemessen werden.

Die Vorgehensweise bei der Ermittlung eines Profit-Center-Erfolgs unterscheidet sich nach dem jeweiligen Gliederungskriterium: Sind die Profit Center für einzelne Sparten zuständig, kann der Profit-Center-Erfolg durch Summieren der zugeordneten Produkt-Erfolgsrechnungen ermittelt werden. Handelt es sich um eine kundenorientierte Gliederung, müssen Auftrags-Erfolgsrechnungen zusammengefasst werden. Fasst man alle Profit-Center-Erfolgsrechnungen eines Unternehmens zusammen, kann man daraus den Gesamtunternehmenserfolg ermitteln.

Checkliste E

Checkliste E: Profit-Center-Erfolgsrechnung
1. Gliederungskriterium/en für Profit Center festlegen (Sparten, Kunden, Filialen etc.)
2. Gliederung nach Sparten: Zusammenfassung von Produkt-Erfolgsrechnungen zu Profit-Center-Erfolgsrechnungen
3. Gliederung nach Kunden, Filialen etc.: Zusammenfassung von Auftrags-Erfolgsrechnungen zu Profit-Center-Erfolgsrechnungen
4. Erstellen der Profit-Center-Erfolgsrechnung für Massenproduzenten
5. Erstellen der Profit-Center-Erfolgsrechnung für Dienstleister und Auftragsfertiger
6. Gesonderte Erfassung spezieller Profit-Center-Kosten
7. Zusammenfassung aller Profit-Center-Erfolgsrechnungen zur Gesamtunternehmens-Erfolgsrechnung nach dem Umsatzkostenverfahren
8. Weitere Untergliederung der Profit-Center-Erfolgsrechnungen und Interpretation der Profit-Center-Ergebnisse mithilfe der mehrstufigen Deckungsbeitragsrechnung (s. Kapitel F5)

F Die Deckungsbeitragsrechnung

1 Deckungsbeitrag – Was ist das?

Der größte Wunsch Ihrer Freundin war es schon immer, eine kleine Kneipe zu eröffnen. Seit einigen Jahren spart sie jeden Euro, um ihren Wunsch bald umsetzen zu können. Jetzt hat sie ein Angebot über einen Pachtvertrag bekommen, der das Richtige zu sein scheint. Sie zeigt Ihnen eine Aufstellung über alle Ausgaben für die ersten Anschaffungen. Wie Sie sehen, hat sie nichts vergessen: Von der Einrichtung der Kneipe über Gläser und Geschirrtücher hat sie an alles gedacht. Das notwendige Geld für diese Neuanschaffungen hat sie auch zusammen. Nach dem ersten Enthusiasmus kommen ihr aber Bedenken, ob sie auch genügend Gäste haben wird, um die laufenden Kosten zu decken und noch einen Gewinn zu machen, der ausreicht, um ihren Lebensstil zu halten.
Sie wollen Ihrer Freundin helfen, herauszufinden, wie viele Gäste sie pro Abend braucht, um die laufenden Kosten des Geschäfts wieder „hereinzuholen". Dabei stellen Sie schnell fest, dass viele Kosten von der Anzahl der Gäste abhängen und sich somit „die Katze in den Schwanz beißt". Es ist notwendig, zwischen diesen Kosten und den Kosten, die unabhängig von der Zahl der Gäste sind, zu unterscheiden.
Die Kosten, die nur anfallen, wenn auch tatsächlich Gäste da sind, sind die variablen Kosten. Sie sind insgesamt umso höher, je mehr Gäste Ihre Freundin hat. Im Wesentlichen werden das die Kosten für Getränke und Essen sein. Kosten, die unabhängig von der Zahl der Gäste sind und sogar vorhanden sind, wenn gar keine Gäste kommen, sind fixe Kosten. Das sind z. B. Kosten für fest angestelltes Personal (Koch, Bedienung etc.), Miete/Pacht und Abschreibungen für die Anschaffungen, die am Anfang getätigt wurden.

Checkpoint 1

Es ist klar, dass der Preis, den die Gäste für Getränke und Essen zahlen, auf jeden Fall mindestens so hoch sein muss, wie das, was Ihre Freundin selbst dafür bezahlen muss. Der Preis sollte aber zusätzlich so viel Geld von allen Gästen zusammen einbringen, dass auch die fixen Kosten abgedeckt sind. Angenommen, Ihre Freundin plant, ihren Gästen für ein Glas Bier (0,2 l) 2 Euro zu berechnen. Sie selbst zahlt an die Brauerei pro Liter 2 Euro, also pro Glas 0,40 Euro. Die Differenz zwischen dem Verkaufspreis und den eigenen variablen Kosten beträgt für das Glas Bier 1,60 Euro. Diesen Betrag nennt man **Deckungsbeitrag**, weil er der **Beitrag** ist, der nach Abzug der variablen Kosten vom Umsatz übrig bleibt, um die fixen Kosten zu **decken.** Diese Berechnung muss Ihre Freundin für alle angebotenen Produkte durchführen.

Wenn sie alle Daten zusammengestellt hat, kann sie auch ausrechnen, wie viele Gäste notwendig sind, um alle Kosten auszugleichen. Die Rechenmethode wird in den folgenden Kapiteln (insbesondere in Kapitel F3) näher erläutert. Hier nur ein kurzes Rechenbeispiel zum Einstimmen: Ihre Freundin rechnet mit fixen Kosten pro Monat in Höhe von 12.000 Euro. Sie will durchschnittlich auf ihre eigenen Kosten für Essen und Getränke einen Aufschlag von 300 % verlangen; der Preis für die Gäste beträgt demnach das Vierfache des Einkaufspreises. Die Berechnung nimmt sie dann wie folgt vor:

- fixe Kosten = 12.000 Euro
- variable Kosten + 300 % Aufschlag = Verkaufspreis
- variable Kosten = 25 % x Verkaufspreis
- Deckungsbeitrag = Verkaufspreis – variable Kosten = 75 % x Verkaufspreis
- Deckungsbeitragsprozentsatz = 75 % (vom Preis bzw. Umsatz)
- Mindestumsatz = fixe Kosten : Deckungsbeitragsprozentsatz = 12.000 : 75 % = 16.000 Euro pro Monat
- Mindestanzahl Gäste bei ca. 16 Euro Verzehr pro Gast pro Abend = 16.000 Euro : 16 Euro/Gast = 1.000 Gäste pro Monat; wenn sie 25 Abende im Monat geöffnet hat, sind das im Schnitt 40 Gäste pro Abend

Der errechnete Mindestumsatz ist der Umsatz am so genannten „Break-Even-Punkt“. An diesem Punkt sind gerade alle Kosten erwirtschaftet. Jeder zusätzliche Umsatz bedeutet einen Gewinn.
Mit diesem Ergebnis ist Ihre Freundin schon sehr zufrieden. Jetzt wird sie kreativ und meint, man könne ja auch einen Fernseher mit Großbild-Leinwand in der Kneipe installieren und einen Pay-TV-Sender abonnieren. Dann wäre der Laden bei interessanten Fußballspielen sicher voll. Allerdings bräuchte sie wegen der vielen Gäste auch mehr Bedienungspersonal als sonst, das wiederum zusätzliche Kosten verursachen würde. Und auch die fixen Kosten würden sich durch die Programmmiete und zusätzliche Abschreibungen erhöhen.

Um herauszufinden, ab welcher Gästezahl sich die Anschaffung des Fernsehers und eine zusätzliche Bedienung lohnen würde, braucht Ihre Freundin die „alten“ fixen Kosten nicht mehr in ihre Entscheidung einzubeziehen. Es genügt, wenn sie berechnet, was ihr nach Abzug ihrer eigenen Kosten für Essen und Getränke vom Umsatz der **zusätzlichen** Gäste übrig bleibt, um die **zusätzliche** Bedienung und die **neuen** fixen Kosten zu finanzieren. Es könnte sogar sein, dass sie an Fußballabenden die Preise senken kann, um mehr Gäste anzulocken, weil sie ja nur noch die zusätzlichen Kosten erwirtschaften muss, wenn alle anderen Kosten schon durch das „normale“ Geschäft verdient sind.
Alle diese Entscheidungen kann Ihre Freundin nur treffen, wenn sie fixe und variable bzw. entscheidungsrelevante und nicht entscheidungsrelevante Kosten trennt. Dazu ist die Deckungsbeitragsrech-

nung ein gutes Hilfsmittel, weil sie auf einer Teilkostenrechnung aufbaut, die zwischen fixen und variablen Kosten unterscheidet. In den bisherigen Kapiteln wurde immer nach der so genannten Vollkostenrechnung vorgegangen, bei der ein Teil der Kosten pauschal zugerechnet wird. Ein erster Versuch der Trennung verschiedener Kostentypen wurde allerdings schon in den Kapiteln E2 und E3 gestartet. Dort wurden spezielle Profit-Center-Kosten aus den pauschalen Zuschlägen herausgerechnet und den Profit Centern direkt zugewiesen. Vielleicht erinnern Sie sich noch an die Personalkosten der Verkäufer und die Ladenmiete, die den Filialen der Großbäckerei direkt zugerechnet wurden, sowie die Werbe- und Reisekosten, die verschiedenen Kundengruppen der Mediaagentur direkt zugerechnet wurden. Die konsequente Fortführung dieses Prinzips finden Sie in Kapitel F5.
In dem Kneipenbeispiel ist eine Entscheidungssituation bereits angesprochen worden, in der die Deckungsbeitragsrechnung zur Hilfe herangezogen werden kann, nämlich:

1. die Bestimmung des Umsatzes im Break-Even-Punkt: Wie viel Umsatz brauchen Sie, um Ihre Kosten zu erwirtschaften bzw. Gewinn zu machen?

Vier weitere Entscheidungssituationen kommen jetzt dazu:

2. Bestimmung der kurzfristigen Preisuntergrenze
3. Outsourcing-Entscheidungen (Fremdvergabe/Make-or-Buy)
4. Entscheidungen über Profit-Center-Ergebnisse
5. Entscheidungen über das Produkt-/Dienstleistungssortiment

Diese fünf Punkte sind für die weiteren Überlegungen maßgeblich. Sie können sich damit die Deckungsbeitragsrechnung Schritt für Schritt anhand der nächsten fünf Unterkapitel (F2 bis F6) erarbeiten.

2 Break-Even-Analyse – Wie viel Umsatz brauchen Sie, um Gewinn zu machen?

Checkpoint 2

Welchen Umsatz müssen Sie mindestens erwirtschaften, um Gewinn zu machen? Dies ist wohl eine der wichtigsten Fragen für Existenz-

gründer, aber auch für jedes andere Unternehmen. Banken verlangen von Existenzgründern, dass sie über diese Daten Bescheid wissen, bevor sie bereit sind, ihnen Geld zu leihen. In anderen Unternehmen wird diese Information u. a. benötigt, um die optimale Ausstattung an Personal und Maschinen zu ermitteln.
Die Methode zur Ermittlung des Umsatzes im Break-Even-Punkt (Break-Even-Umsatz) ist unabhängig von der Branche, in der Sie tätig sind. Das folgende Beispiel ist deshalb für alle Branchen anwendbar und bewusst einfach gehalten, um die wesentlichen Punkte herauszustellen.

Beispiel zur Break-Even-Analyse:

Wenn Sie in Ihrem Unternehmen für das kommende Jahr Kosten in Höhe von 10,5 Mio. Euro eingeplant haben, liegt Ihr Break-Even-Umsatz genau bei 10,5 Mio. Euro. Sie erwirtschaften mit diesem Umsatz genau Ihre Kosten und noch keinen Gewinn.

	Euro
Umsatz	10.500.000
- Kosten	10.500.000
= Erfolg	**0**

Sie werden möglicherweise einwenden, dass das eine eher theoretische Überlegung ist, weil Sie Ihre Kosten für das nächste Jahr nicht schätzen können, wenn Sie nicht wissen, welchen Umsatz Sie voraussichtlich machen werden. Das ist richtig. Wenn Sie beispielsweise einen Umsatz von 12 Mio. Euro und Kosten in Höhe von 10,5 Mio. Euro erwarten, rechnen Sie mit einem Gewinn von 1,5 Mio. Euro.

	Euro
Umsatz	12.000.000
- Kosten	10.500.000
= Erfolg	**1.500.000**

Was sagt ein Break-Even-Umsatz in dieser Situation aus? Er zeigt Ihnen an, wie weit Ihr Umsatz sinken darf, bevor Sie Verlust machen! Also liegt Ihr Break-Even-Umsatz immer noch bei 10,5 Mio. Euro: Wenn Ihre Preise so weit sinken, dass der Umsatz bis auf 10,5 Mio. Euro zurückgeht, machen Sie keinen Gewinn mehr. Wenn

Sie befürchten, dass Sie Umsatz durch **Preisnachlässe** verlieren, hat Ihr Break-Even-Umsatz genau die Höhe Ihrer derzeitigen Gesamtkosten. Sie sehen, er ist einfach abzulesen.

Was ist aber, wenn Sie einen Umsatzrückgang durch **sinkende Absatzzahlen** für wahrscheinlicher halten? In diesem Fall geht nicht nur der Umsatz zurück, sondern auch die vom Umsatz abhängigen variablen Kosten.

Wie weit die Kosten zurückgehen, hängt davon ab, wie hoch der Anteil der variablen Kosten am Umsatz ist. Im Kneipenbeispiel lag dieser Anteil bei 25 %. Das würde hier – bei einem Umsatz von 12 Mio. Euro – bedeuten, dass die variablen Kosten 3 Mio. Euro betragen. Da sich die Gesamtkosten auf 10,5 Mio. Euro belaufen, liegen die fixen Kosten bei 7,5 Mio. Euro (10,5 Mio. Euro Gesamtkosten – 3 Mio. Euro variable Kosten = 7,5 Mio. Euro fixe Kosten).

Wenn jetzt der Umsatz von 12 Mio. Euro auf 10,5 Mio. Euro sinkt, sinken gleichzeitig die variablen Kosten von 3 Mio. Euro auf 2,625 Mio. Euro, weil sie weiterhin 25 % des Umsatzes ausmachen (25 % von 10,5 Mio. = 2,625 Mio.). Anders ausgedrückt: Sinkt der Umsatz von 12 auf 10,5 Mio. Euro, d. h. um 12,5 %, sinken auch die variablen Kosten um 12,5 %, nämlich von 3 Mio. Euro auf 2,625 Mio. Euro. Das wiederum bedeutet, dass zusammen mit den fixen Kosten von 7,5 Mio. Euro insgesamt nur noch 10,125 Mio. Euro an Gesamtkosten anfallen. Bei einem Umsatz von 10,5 Mio. Euro hätten Sie immer noch einen Gewinn von 0,375 Mio. Euro. Der Umsatz von 10,5 Mio. Euro kann demnach nicht Ihr Break-Even-Umsatz sein.

	vorher Euro	**nachher Euro**
Umsatz	12.000.000	10.500.000
– variable Kosten (25 % des Umsatzes)	3.000.000	2.625.000
= Deckungsbeitrag	**9.000.000**	**7.875.000**
– fixe Kosten	7.500.000	7.500.000
= Erfolg	**1.500.000**	**375.000**

Der Break-Even-Umsatz muss bei Absatzrückgängen niedriger sein als bei Preisnachlässen, weil mit dem Umsatz auch die Kosten sinken. Er ist hier erst bei 10 Mio. Euro erreicht. Die variablen Kosten betragen dann 2,5 Mio. Euro (25 % von 10 Mio.).

	vorher Euro	nachher Euro
Umsatz	12.000.000	10.000.000
– variable Kosten (25 % des Umsatzes)	3.000.000	2.500.000
= Deckungsbeitrag	**9.000.000**	**7.500.000**
– fixe Kosten	7.500.000	7.500.000
= Erfolg	**1.500.000**	**0**

Dieser Break-Even-Umsatz ist durch Ausprobieren nur mühsam zu ermitteln. Verwenden Sie einfach die folgende Formel:

Break-Even-Umsatz =
fixe Kosten : Deckungsbeitrag in Prozent vom Umsatz

Der Deckungsbeitrag in Prozent vom Umsatz (Deckungsgrad) beträgt im Beispiel 75 %, weil die variablen Kosten 25 % des Umsatzes ausmachen.

Der Break-Even-Umsatz BEU ist dann:

BEU = fixe Kosten : Deckungsgrad =

7.500.000 Euro : 75 % = 10.000.000 Euro

Die in den Beispielen dargestellten Vorgehensweisen, um den Break-Even-Umsatz zu ermitteln, sind für die beiden idealtypischen Fälle gedacht, dass

- ein Umsatzrückgang **nur** durch Preisnachlässe zu Stande kommt; Berechnung: Break-Even-Umsatz = Gesamtkosten in der Ausgangssituation,
- ein Umsatzrückgang **nur** durch einen Absatzrückgang (Menge) zu Stande kommt:
  Break-Even-Umsatz = fixe Kosten : Deckungsgrad.

Nur Sie alleine können wissen, welcher der beiden Fälle für Ihr Unternehmen das wahrscheinlichere Risiko bzw. die wahrscheinlichere Chance darstellt. Sollte es Produkte geben, für die Sie eher einen Preisrückgang (bzw. Preiserhöhung) vermuten, und andere, für die Sie eher einen Absatzrückgang (bzw. Absatzerhöhung) erwarten, liegt Ihr Break-Even-Umsatz zwischen den beiden idealtypischen Fällen. Eine Beispielrechnung für den Fall einer gleichzeitigen Preis-

und Mengenveränderung finden Sie in Kapitel F6.3. Beide Methoden sind natürlich auch für den Fall von Umsatz**erhöhungen** einsetzbar. Wenn Ihr Umsatz – z. B. als Existenzgründer – noch unterhalb des Break-Even-Umsatzes liegt, errechnen Sie mit dem BEU, welche Preis**steigerung** bzw. Absatz**steigerung** Sie erzielen müssen, damit Sie Ihren ersten Gewinn machen.

Die einzige Voraussetzung für die Anwendung der zweiten Formel ist die Kenntnis darüber, welche Kosten im Unternehmen fix sind und welche variabel. Das herauszufinden ist nicht so schwierig: Schauen Sie sich Position für Position Ihre Kostenarten an und überlegen Sie, welcher Teil dieser Kosten übrigbleiben würde, selbst wenn Sie zeitweise nichts produzieren bzw. keine Dienstleistung erbringen würden. Das sind die fixen Kosten. Die Kosten, die wegfallen würden, sind die variablen Kosten.

Unterschiedliche Unternehmenstypen haben unterschiedliche Anteile an variablen Kosten. Und auch innerhalb derselben Branche kann es Unterschiede geben. Dienstleistungsunternehmen, die überwiegend mit fest angestellten Mitarbeitern arbeiten, haben z. B. überwiegend fixe Kosten. Der prozentuale Anteil an variablen Kosten ist entsprechend relativ gering. Umgekehrt ist es aber, wenn ein Dienstleistungsunternehmen überwiegend mit Zeitarbeitskräften und Fremdfirmen arbeitet. Bei Produktionsunternehmen sind die Fixkosten umso höher, je teurer die eingesetzten Maschinen und Anlagen sind und je mehr fest angestelltes Personal vorhanden ist. Bei Handelsunternehmen stellt die Handelsware selbst variable Kosten dar. Dadurch wird der variable Kostenanteil relativ hoch.

Es gibt keine feste Richtgröße für den variablen Kostenanteil. Als Faustregel gilt: Je unsicherer das Geschäft ist, in dem Sie sich bewegen, d. h. je höher das Risiko starker Umsatzschwankungen ist, desto höher sollte der variable Kostenanteil sein. Damit verringern Sie das Risiko für Verluste.

Wenn Ihr variabler Kostenanteil bei unterschiedlichen Umsatzgrößenordnungen unterschiedlich hoch ist, berechnen Sie den Break-Even-Umsatz für die verschiedenen variablen Kostenanteile jeweils neu. Angenommen, bei Umsätzen zwischen zehn und zwölf Mio. Euro beträgt Ihr variabler Kostenanteil 25 %. Bei deutlich mehr als zwölf Mio. Euro Umsatz müssen Sie aber mit einem variablen Kostenanteil von 30 % rechnen, weil Sie deutlich mehr Fremdfirmen einsetzen. Oder die Mischung Ihres Produkt- bzw. Dienstleistungsprogramms verändert sich und damit auch der durchschnittliche Anteil der variablen Kosten am Umsatz. Dann sollten Sie den Break-Even-Umsatz neu berechnen. Auf der beiliegenden CD-ROM steht Ihnen in der Excel-Datei „F Deckungsbeitragsrechnung" unter dem Titel BEU (Break-Even-Umsatz) eine Tabelle zur Verfügung, mit der Sie die Berechnung sehr einfach durchführen können. Nur die beiden grau hinterlegten Zahlenfelder für die fixen Kosten und den variablen Kostenanteil müssen ausgefüllt werden, der Deckungsgrad und der Break-Even-Umsatz werden dann automatisch angezeigt.

BEU

Break-Even-Umsatz (Rechenformular mit Zahlenbeispiel)		
fixe Kosten	7.500.000	Euro
durchschnittlicher variabler Kostenanteil = variable Kosten : Umsatz in %	30,00	%
Deckungsgrad = Deckungsbeitrag : Umsatz in %	70,00	%
Break-Even-Umsatz	**10.714.286**	**Euro**

3 So hoch sollen Ihre Verkaufspreise mindestens sein!

Checkpoint 3

Mithilfe der Deckungsbeitragsrechnung können Sie ermitteln, wie weit Sie Ihre Verkaufspreise in verschiedenen Situationen senken können, ohne Ihren Gesamtgewinn zu reduzieren. Das Kneipenbeispiel hat schon ein paar Aspekte dieser Frage angesprochen: Je nach Blickwinkel und Situation sollte der Verkaufspreis für ein Produkt oder eine Dienstleistung mindestens so hoch sein, dass er Ihnen entweder

1. den gewünschten Gewinn garantiert oder
2. Ihre gesamten Kosten erwirtschaftet oder
3. nur etwas mehr als Ihre variablen Kosten einbringt.

Kaum ein Unternehmen kann heutzutage seinen Kunden den Preis diktieren. Der Preis wird vom Markt vorgegeben, und wenn Sie konkurrenzfähig bleiben wollen, müssen Sie sich danach richten. Umso wichtiger ist es, herauszufinden, ob der Marktpreis ausreicht, um Ihre Kosten zu erwirtschaften bzw. einen Gewinn zu erzielen. Das folgende Beispiel zeigt Ihnen drei unterschiedliche Situationen, die unterschiedliche Mindestverkaufspreise erfordern.

Beispiel zur Bestimmung des Mindestverkaufspreises (Dienstleistung):

Stellen Sie sich vor, Sie betreiben ein kleines Ingenieurbüro, das sich auf reine Beratungsleistungen spezialisiert hat. Ihre Leistungen sind relativ homogen. Sie können sie daher nach Stunden abrechnen. Da Sie praktisch nur ein einziges Produkt vertreiben, ist es einfach, alle Kosten Ihres Büros auf dieses Produkt umzurechnen. Haben Sie für Ihren Betrieb z. B. jährliche Gesamtkosten in Höhe von 1 Mio. Euro bei 10.000 abrechenbaren Stunden, liegt Ihr Stundenkostensatz bei 100 Euro/Std. (1.000.000 Euro : 10.000 Std.).

1. Fall:

Sie möchten gerne 20 % Gewinn machen (20 % Ihrer Gesamtkosten). Das bedeutet, Sie müssen Ihre Stundenleistungen für 120 Euro/Std. verkaufen, um den gewünschten Gewinn zu realisieren
(100 Euro/Std. x 1,2 = 120 Euro/Std.).

2. Fall:

Es genügt Ihnen, kostendeckend zu arbeiten. Das bedeutet, Sie verkaufen Ihre Stundenleistungen zu 100 Euro/Stunde.

3. Fall:

Manchmal kann es sich sogar lohnen, Aufträge anzunehmen, selbst wenn diese nicht kostendeckend sind. Sie haben fest angestellte Mitarbeiter, die für Ihre Aufträge Ingenieurleistungen erbringen. Es gibt Zeiten im Jahr, in denen Sie wenige Aufträge haben, z. B. in Urlaubszeiten. In diesen Zeiten fahren Sie regelmäßig Verluste ein.

Sie sollten daher Ihre Preiskalkulation überdenken: Jeder Euro Umsatz ist in umsatzschwachen Zeiten besonders wertvoll. Ihre Leute müssen Sie bezahlen, gleichgültig ob sie arbeiten oder nicht. Sie haben für Aufträge in umsatzschwachen Zeiten nur wenige **zusätzliche** Kosten, vielleicht höchstens ein paar Reisekosten. Jeder Euro Umsatz, den Sie über diese Reisekosten hinaus verdienen (Deckungsbeitrag) führt dazu, dass Sie Ihren Verlust in der Zeit verringern.

Sie können den Verkaufspreis für Ihre Leistung so weit senken, bis Sie **zusätzliche** Aufträge am Markt gewinnen. Rein theoretisch könnten Sie den Preis bis fast auf die Reisekosten senken. Wenn Sie nicht einmal mehr die Reisekosten durch den Umsatz erwirtschaften, dürfen Sie den Auftrag nicht annehmen. Wenn Sie nur genau die Reisekosten decken, sollten Sie ihn nicht annehmen. Aber jeder Euro, der über die Reisekosten hinausgeht, bedeutet zusätzlichen Deckungsbeitrag, und das heißt, dass Sie damit insgesamt Ihren Gewinn erhöhen bzw. Ihren Verlust vermindern.

Der Mindestverkaufspreis muss nur etwas höher sein als die variablen Kosten. Diesen Mindestverkaufspreis nennt man die „kurzfristige Preisuntergrenze", weil Sie diesen Preis immer nur für kurze Zeit ansetzen sollten, denn langfristig müssen natürlich alle Ihre Kosten erwirtschaftet werden.
Die Methode der kurzfristigen Preisuntergrenze funktioniert nur, wenn Sie drei wesentliche Bedingungen beachten:

- Es müssen Personalkapazitäten für die zusätzliche Beratungsleistung frei sein.
- Die Methode kann man nur kurzfristig anwenden. Mittel- und langfristig müssen immer **alle** Ihre Kosten erwirtschaftet werden. Sie können lediglich umsatzschwache Zeiten überbrücken, müssen aber in umsatzstarken Zeiten den Verlust wieder ausgleichen.
- Achten Sie darauf, dass Ihre Stammkunden nicht auf umsatzschwache Zeiten ausweichen können. Wenn Ihre Stammkunden entdecken, dass Sie Ihre Leistungen zu bestimmten Jahreszeiten erheblich preiswerter anbieten, werden sie immer nur zu diesen Zeiten kaufen wollen. Damit würden Sie keinen zusätzlichen Umsatz erzielen, sondern Sie würden nur „guten" Umatz in umsatzstarken Zeiten gegen „schlechten" Umsatz in umsatzschwachen Zeiten eintauschen.

Beispiel zur Bestimmung des Mindestverkaufspreises (Produktion):

Auch die Großbäckerei aus Kapitel D2 und E2 kann mit der Methode der absoluten Preisuntergrenze ihren Mindestverkaufspreis in den drei verschiedenen Situationen bestimmen:

1. Fall:

Die Brötchen verursachen Gesamtkosten in Höhe von 213,92 Euro pro 1.000 Stück. Wenn Sie einen Gewinn von 15 % der Gesamtkosten erwirtschaften wollen, muss der Preis pro 1.000 Brötchen bei 246,01 Euro liegen (213,92 Euro x 1,15), pro Stück also bei mindestens 0,25 Euro.

2. Fall:

Erwarten Sie „nur", dass Ihre gesamten Kosten erwirtschaftet werden, genügt ein Verkaufspreis von 213,92 Euro pro 1.000 Stück oder 0,21392 Euro pro Stück. Der Preis müsste zwischen 0,21 und 0,22 Euro pro Stück liegen. Eine generelle Abrundung auf 0,21 Euro wäre hier falsch, weil Sie dann insgesamt doch keine Vollkostendeckung erreichen würden.

3. Fall:

Angenommen, Sie haben jeden Sommer Umsatzeinbußen, weil viele Ihrer Stammkunden in Urlaub sind und Sie wenig Laufkundschaft haben. Sie könnten versuchen, in dieser Zeit andere Kunden zu gewinnen, wie z. B. Krankenhäuser, Hotels etc., denen Sie im Sommer Ihre Produkte zu deutlich niedrigeren Preisen anbieten. Im Extremfall brauchen Sie nur etwas mehr zu verdienen als Ihre variablen Kosten, um einen positiven Deckungsbeitrag zu erwirtschaften. Das ist immer noch besser, als wenn Sie gar nichts zusätzlich verkaufen.

So könnten Sie wenigstens einen Teil Ihrer fixen Kosten in dieser Zeit ausgleichen und somit Ihren Verlust in diesem Zeitraum mindern. Auf jeden Fall müsste der Preis immer noch die variablen Materialeinzelkosten (18,30 Euro/1.000 Stck.) einbringen. Auch wenn die Fertigungskosten überwiegend fix sind, hängen sie doch so eng mit dem Produkt zusammen, dass Sie sie ebenfalls einrechnen sollten. Es kämen 85,00 Euro pro 1.000 Brötchen hinzu. Das ergäbe einen Mindestverkaufspreis von 103,30 Euro pro 1000 Brötchen bzw. 0,1033 Euro pro Brötchen.

Nicht nur im Dienstleistungsbereich gibt es einen großen Spielraum für Preisverhandlungen, wenn Sie neue Kunden für umsatzschwache Zeiten gewinnen möchten. Die Großbäckerei braucht ihren Preis auch sicher nicht wirklich bis auf zehn Cent pro Brötchen zu senken, um deutlich mehr verkaufen zu können als zum normalen Preis. Empfehlenswert ist diese Strategie allerdings auch hier nur kurzfristig, nur in Zeiten nicht ausgelasteter Kapazitäten und nur dann, wenn die Stammkundschaft nicht auf die Niedrigpreiszeiten ausweichen kann.

4 Hilfe bei Outsourcing-Entscheidungen (Make-or-Buy)

Outsourcing-Entscheidungen sind langfristig gültige Make-or-Buy-Entscheidungen. Im Wesen unterscheiden sich die beiden Situationen aber nicht voneinander. Es geht in beiden Fällen darum, herauszufinden, ob es sich lohnt, Leistungen, die Sie bisher selbst erbracht haben, von anderen erbringen zu lassen. Checkpoint 4

Beispiel für eine Outsourcing-Entscheidung (Einzelauftrags-Fertigung):

Angenommen, Ihr Unternehmen ist ein mittelgroßes Filmproduktionsunternehmen, hat bisher ausschließlich eigene Kameraleute beschäftigt und denkt darüber nach, in Zukunft einen Teil der Aufnahmen an Fremdfirmen zu vergeben. Es stellt sich heraus, dass eine der angefragten Fremdfirmen bei gleicher Produktionsqualität und -dauer einen Tagessatz anbietet, mit dem Sie bisher gerade Ihre variablen Kosten (hier z. B. Materialkosten) decken konnten.

Was würden Sie tun?

Selbstverständlich würden Sie ab sofort nur noch Kameraleute von dieser Fremdfirma einsetzen und Ihre eigenen Kameraleute entlassen.

Ein unrealistisches Beispiel? Stimmt!

Es zeigt aber deutlich, dass in einem solchen Fall die Entscheidung für das Outsourcing zwangsläufig ist: Wenn ein Anbieter auf dem Markt die gleichen (Teil-) Leistungen günstiger anbietet, als Ihre eigenen variablen Kosten, lohnt sich das Outsourcing auf jeden Fall.

Realistischer ist der Fall, dass der Tagessatz, den Ihnen die Fremdfirma angeboten hat, zwar deutlich über Ihren eigenen Materialkosten liegt, aber immer noch unter dem Satz, den Sie intern für den Einsatz Ihrer eigenen Kameraleute kalkuliert haben.

Die Kalkulation des Tageskostensatzes für den Bereich Kameraleute könnte wie folgt aussehen: Der Bereich hat eigene Personal- und Sachkosten. Hinzu kommen die Materialkosten, die ebenfalls in den Tagessatz eingerechnet werden sollen, weil sie pro Tag in ungefähr gleicher Höhe anfallen, sowie Umlagen für Gemeinkosten, die auf den Bereich entfallen. Für ein Jahr könnte sich die folgende Aufstellung ergeben:

- Personalkosten: 450.000 Euro
- Sachkosten: 50.000 Euro

- Materialkosten: 150.000 Euro
- Umlagen: 100.000 Euro

Insgesamt sind das Kosten in Höhe von 750.000 Euro pro Jahr. Diese sollen sich auf 1.500 Kameratage im Jahr verteilen. Der Tageskostensatz beträgt demnach 500 Euro/Tag (750.000 Euro : 1.500 Tage).

Der externe Anbieter hat Ihnen einen Tagessatz von 450 Euro pro Tag angeboten. Sie könnten somit zu dem Schluss kommen, dass es sich lohnt, keine eigenen Kameraleute mehr einzusetzen, sondern nur noch Fremdfirmen zu beschäftigen. Wenn Sie 1.500 Tage mit Ihrem eigenen Tageskostensatz multiplizieren, kommen Sie auf Kosten in Höhe von 750.000 Euro pro Jahr, wenn Sie sie mit dem Tagessatz der Fremdfirma multiplizieren, kommen Sie nur auf 675.000 Euro (450 Euro x 1.500 Tage). Im Ergebnis würden Sie damit rechnen, Ihren Gewinn um 75.000 Euro erhöhen zu können.

Diese Entscheidung für ein langfristiges Outsourcing könnte aus folgenden Gründen falsch sein:

1. Die Umlagen machen insgesamt 100.000 Euro pro Jahr aus. Wenn Sie Ihre Kameraleute outsourcen, fallen nicht zwingend alle Gemeinkosten, die auf den Bereich umgelegt wurden, weg, insbesondere nicht die Zuschläge für Verwaltung und Vertrieb. Diese Kosten würden sich in Zukunft nur auf andere Bereiche verteilen. Wenn Sie die 100.000 Euro gar nicht einsparen können, machen Sie nicht – wie erwartet – 75.000 Euro mehr Gewinn, sondern sogar 25.000 Euro weniger Gewinn als vorher.
2. Wenn Sie langfristig outsourcen, können Sie dennoch Ihr Personal nicht sofort entlassen. Die Personalkosten gehen erst nach einer gewissen Zeit zurück, und es entstehen zusätzliche Aufwendungen für Abfindungen etc.
3. Selbst wenn Sie alle Umlagen nach dem Outsourcing tatsächlich abbauen, alle Kameraleute entlassen oder anderweitig einsetzen und auch alle Sachkosten einsparen können, bleibt immer noch das Risiko einer Kostenerhöhung: Angenommen, Sie haben statt 1.500 Tagen in diesem Jahr 1.800 Kameratage benötigt. Ihre Kosten steigen dann von den geplanten 675.000 Euro auf 810.000 Euro (450 Euro/Tag x 1.800 Tage). Wenn Sie die zusätzlichen 300 Tage gebraucht haben, weil Sie mehr produziert und mehr verkauft haben, sind diese Kosten ausgeglichen. Aber wenn nur mehr Kameratage für denselben Umsatz verbraucht wurden, haben Sie vielleicht die Qualität und Geschwindigkeit Ihrer eigenen Leute und die Synergieeffekte innerhalb Ihres Unternehmens

unterschätzt. Bisher konnte vieles „auf dem kleinen Dienstweg" erledigt werden, Ihre Leute waren flexibler einsetzbar und konnten auch zu unbeliebten Zeiten (Wochenende, später Abend etc.) herangezogen werden. Die Fremdfirma berechnet aber offensichtlich sofort zusätzliche Zeiten, evtl. sogar zu höheren Preisen.

4. Es stellt sich die Frage, ob Sie sich noch als Filmproduktionsunternehmen bezeichnen dürfen, wenn Sie keine eigenen Kameraleute mehr haben. Sie könnten über kurz oder lang das Know-how in diesem Bereich verlieren. Ihre Kunden werden Ihnen nicht mehr zutrauen, dass Sie die gewünschte Leistung auch erbringen können, wenn Sie keine Kernkompetenzen mehr vorweisen können. Kernkompetenzen dürfen nicht komplett ausgelagert werden.

Alle diese Punkte sind vor einer langfristigen Outsourcing-Entscheidung zu bedenken. Und selbst wenn es sich nur um eine kurzfristige Make-or-Buy-Entscheidung handelt, um eigene Kapazitätsengpässe auszugleichen, sind zumindest die ersten zwei genannten Punkte zu bedenken: Gemeinkosten und Personalkosten können nicht (sofort) abgebaut werden.

Wenn Sie Fremdfirmen nur zur Überbrückung von kurzfristigen Kapazitätsengpässen einsetzen, kann das sogar auch dann noch sinnvoll sein, wenn der externe Preis höher ist, als Ihr eigener Kostensatz. Da Sie die Fremdfirmen nur bezahlen müssen, wenn Sie sie auch einsetzen, müssen Sie für Ihre Entscheidung die **Gesamtkosten im Jahr** gegenüberstellen. Solange die Gesamtkosten für die Fremdfirmen immer noch unter den Kosten liegen, die Ihnen entstehen, wenn Sie für die kurzfristigen Engpässe neue eigene Leute einstellen, lohnt sich das Outsourcing. Die Inanspruchnahme von Fremdfirmen ist variabler und birgt damit weniger Risiko. Wenn Ihre Kosten für die Fremdfirmen allerdings insgesamt im Jahr höher sind, als die Nutzung eigener Kapazitäten, sollten Sie Ihre Eigenleistungen neu planen („Insourcing").

Wie kann die Deckungsbeitragsrechnung Sie nun dabei unterstützen, eine mögliche Fehlentscheidung zum Outsourcing zu vermeiden? Die Deckungsbeitragsrechnung rechnet einem Produkt grundsätzlich nur die Kosten zu, die sich ihm verursachungsgerecht zuordnen lassen. Das sind auf jeden Fall die variablen Kosten und vielleicht noch ein Teil der fixen Kosten. Die übrigen fixen Kosten werden dort belassen, wo sie hingehören, nämlich auf der Unternehmensebene. Für das Filmproduktionsunternehmen sollten dem Kamerabereich deshalb nur die Materialkosten als variable Kosten und die Personalkosten der Kameraleute als eindeutig zurechenbare fixe Kosten zugerechnet werden. Nur diese Kosten können Sie einsparen, wenn Sie die Leistungen outsourcen, nicht aber die Sachkosten und die Gemeinkostenumlage.

5 Von der einstufigen zur mehrstufigen Deckungsbeitragsrechnung

Wie das letzte Beispiel zeigt, reicht es häufig nicht aus, nur die variablen Kosten und den Deckungsbeitrag zu bestimmen. Auch die fixen Kosten sind zum Teil entscheidungsrelevant, insbesondere dann, wenn es um langfristige Entscheidungen geht (z. B. Outsourcing). Deshalb reicht meist eine einfache (einstufige) Deckungsbeitragsrechnung zur Entscheidungsfindung nicht aus. Im folgenden Beispiel wird zunächst eine einstufige Deckungsbeitragsrechnung aufgebaut, um sie anschließend in eine mehrstufige überzuleiten.

Checkpoint 5

Beispiel einstufige Deckungsbeitragsrechnung (Einzelauftrags-Fertigung):

Für das Beispiel wird wieder auf die Filmproduktion zurückgegriffen. Der Bereich Kameraleute ist aber jetzt ein Profit Center, das nicht nur intern Leistungen erbringt, sondern auch Umsatz am externen Markt erzielt. Die Kameraleistungen werden intern **und** extern mit einem Verrechnungspreis abgerechnet, der dem externen Marktpreis entspricht.

Das Profit Center leistet im Jahr 1.500 produktive Tage, von denen extern 500 Tage und intern 1.000 Tage abgerechnet werden, beides zu einem Marktpreis von 450 Euro pro Tag. Bei gleicher Kostensituation wie in Kapitel F4 (Beispiel zum Outsourcing) ergibt sich am Ende des Jahres für das Profit Center die folgende Erfolgsrechnung.

ER PC Kamera

Erfolgsrechnung Profit Center „Kamera"	
	Euro
Externer Umsatz (500 Tage x 450 Euro/Tag)	225.000
Interner Umsatz (1.000 Tage x 450 Euro/Tag)	450.000
Gesamtumsatz	**675.000**
Materialkosten	150.000
Personalkosten	450.000
Sachkosten	50.000
Umlagen	100.000
Gesamtkosten	**750.000**
Profit-Center-Erfolg	**-75.000**

Um die einstufige Deckungsbeitragsrechnung für das Gesamtunternehmen darstellen zu können, wird das Beispiel durch ein fiktives Profit Center „Übrige" ergänzt, das alle weiteren Bereiche des Unternehmens enthalten soll.

ER PC Übrige

Erfolgsrechnung Profit Center „Übrige"	
	Euro
Externer Umsatz	500.000
Interner Umsatz	400.000
Gesamtumsatz	**900.000**
Materialkosten	300.000
Personalkosten	250.000
Sachkosten	50.000
Umlagen	200.000
Gesamtkosten	**800.000**
Profit-Center-Erfolg	**100.000**

Das Profit Center „Kamera" hat einen negativen Profit-Center-Erfolg, das Profit Center „Übrige" einen positiven. Diese Profit-Center-Erfolge dürfen aber nicht alleine zur Beurteilung der Profit Center verwendet werden, da Teile der zugerechneten Kosten pauschal zugeordnet wurden. Sie würden nicht wegfallen, wenn man das jeweilige Profit Center schließen würde. Zur Beurteilung der Profit Center dürfen nur die von ihm selbst beeinflussbaren Kosten berücksichtigt werden.

Beide Profit Center haben eindeutig zurechenbare Umsätze und eindeutig zurechenbare variable Kosten (Materialkosten). In einer Deckungsbeitragsrechnung werden die variablen und die fixen Kosten getrennt ausgewiesen. Der Deckungsbeitrag ist der Umsatz abzüglich der variablen Kosten. Diese Zwischenstufe enthält für jedes Profit Center den Teilerfolg, den das Profit Center auch wirklich zu verantworten hat. Alle fixen Kosten werden bei der einstufigen Deckungsbeitragsrechnung nur auf Unternehmensebene dargestellt.

Einstufige DBR

Einstufige Deckungsbeitragsrechnung

(Werte in Euro)	**PC Kamera**	**PC Übrige**	**Gesamt**
Externer Umsatz	225.000	500.000	725.000
Interner Umsatz	450.000	400.000	850.000
Gesamtumsatz	**675.000**	**900.000**	**1.575.000**
Materialkosten	150.000	300.000	450.000
Deckungsbeitrag	**525.000**	**600.000**	**1.125.000**
Personalkosten			700.000
Sachkosten			100.000
Umlagen			300.000
Fixe Kosten			*1.100.000*
Unternehmenserfolg			**25.000**

Nach der **einstufigen** Deckungsbeitragsrechnung ist eine Beurteilung der Profit Center nur bis zum Deckungsbeitrag möglich. Die fixen Kosten müssen bei Entscheidungen über die Profit Center unberücksichtigt bleiben. Danach hat das Profit Center „Kamera" einen Beitrag von 525.000 Euro zum Unternehmenserfolg geleistet, das Profit Center „Übrige" in Höhe von 600.000 Euro. Betrachten Sie, wie viel jedes Profit Center aus „seinem" Umsatz herausgeholt hat, steht das Profit Center „Kamera" mit 78 % (525.000 : 675.000) deutlich besser da, als das Profit Center „Übrige" mit 67 % (600.000 : 900.000). Diese Größe zur Beurteilung von Produkten oder Profit Centern wurde bereits im vorigen Kapitel eingeführt und wird „Deckungsgrad" genannt.

Checkpoint 6

Die Situation ist aber noch nicht zufriedenstellend, weil es auch fixe Kosten geben könnte, die von einem Profit Center verursacht wurden, ihm aber nach der einstufigen Deckungsbeitragsrechnung nicht belastet werden. Typische fixe Kosten dieser Art sind Personalkosten, die spezifische Profit-Center-Kosten darstellen können. Aus diesen Überlegungen heraus wurde die mehrstufige Deckungsbeitragsrechnung entwickelt, die eine weitere Aufteilung der fixen Kosten vorsieht. Das folgende Beispiel zeigt eine mehrstufige Deckungsbeitragsrechnung mit zwei Stufen.

Beispiel zweistufige Deckungsbeitragsrechnung (Einzelauftrags-Fertigung):

Das Beispiel wird wie folgt fortgesetzt: Es wird angenommen, dass sich von den gesamten fixen Kosten die Personalkosten eindeutig den Profit Centern zurechnen lassen. Sie können aus den gesamten fixen Kosten auf Unternehmensebene herausgerechnet und damit auch als entscheidungsrelevante Größen eingestuft werden. Sie werden hinter dem Deckungsbeitrag als spezifische Profit-Center-Kosten berücksichtigt. Dadurch ergibt sich eine weitere Deckungsbeitragsstufe. Der Deckungsbeitrag der einstufigen Deckungsbeitragsrechnung wird als Deckungsbeitrag 1 bezeichnet und der Deckungsbeitrag nach Abzug der spezifischen Profit-Center-Kosten als Deckungsbeitrag 2.

Zweistufige DBR

Zweistufige Deckungsbeitragsrechnung			
(Werte in Euro)	**PC Kamera**	**PC Übrige**	**Gesamt**
Externer Umsatz	225.000	500.000	725.000
Interner Umsatz	450.000	400.000	850.000
Gesamtumsatz	**675.000**	**900.000**	**1.575.000**
Materialkosten	150.000	300.000	450.000
Deckungsbeitrag 1	**525.000**	**600.000**	**1.125.000**
Personalkosten	450.000	250.000	700.000
Deckungsbeitrag 2	**75.000**	**350.000**	**425.000**
Sachkosten			100.000
Umlagen			300.000
unternehmensfixe Kosten			*400.000*
Unternehmenserfolg			**25.000**

Die Beurteilung der Profit Center erfolgt bei der zweistufigen Deckungsbeitragsrechnung auf der Grundlage des Deckungsbeitrags 2. Sie treffen Ihre Entscheidungen auf der Grundlage der Erfolgsstufe, die auch wirklich von dem Profit Center beeinflussbar ist. Im Beispiel zeigt sich, dass das Profit Center „Kamera" nach Zuordnung der von ihm verursachten Personalkosten deutlich schlechter abgeschnitten hat, als das Profit Center „Übrige". Das gilt sowohl für den absoluten Deckungsbeitrag 2 (75.000 Euro gegenüber 350.000 Euro) als auch für den Deckungsgrad (11 % gegenüber 39 % vom jeweiligen Umsatz).

Beide Profit Center erwirtschaften aber noch einen positiven Deckungsbeitrag 2. Es wäre demnach kurzfristig nicht empfehlenswert, ein Profit Center zu schließen, da sie beide einen Beitrag zum Ausgleich der unternehmensfixen Kosten leisten. Für die langfristige Entscheidung ist maßgeblich, welche der übrigen fixen Kosten abgebaut werden können, wenn ein Profit Center geschlossen würde.

Vielleicht haben Sie auch schon einmal eine mehrstufige Deckungsbeitragsrechnung mit mehr als zwei Stufen gesehen. Sie kommt zu Stande, wenn z. B. weitere spezifische Profit-Center-Kosten ausgegliedert werden können. Eine andere Möglichkeit ist, dass Profit Center zu übergeordneten Bereichen zusammengefasst werden. Dann wird eine weitere Ebene mit bereichsfixen Kosten eröffnet, die aus den gesamten fixen Kosten herausgerechnet werden und den Bereichen verursachungsgerecht zugeordnet werden können. Da solche Zusammenfassungen in jedem Unternehmen individuell verschieden sind, verbirgt sich hinter den Bezeichnungen Deckungsbeitrag 2 (3, 4, ...) praktisch in jedem Unternehmen etwas anderes!

Ein fiktives Zahlenbeispiel für eine mehrstufige Deckungsbeitragsrechnung ist in der folgenden Tabelle dargestellt. Es entsteht eine trichterförmige Zuspitzung der Deckungsbeitragsstufen (DB 1 bis DB 4) bis zu den unternehmensfixen Kosten, die sich keiner Untergruppe mehr verursachungsgerecht zurechnen lassen.

Mehrstufige DBR

Mehrstufige Deckungsbeitragsrechnung (fiktives Zahlenbeispiel)							
Profit Center	I				II		Gesamt
Produktgruppen	1		2		3		
Produkte	A	B	C	D	E	F	
Umsatz	300	200	400	500	100	300	1.800
variable Kosten	50	150	250	300	50	100	900
DB 1	**250**	**50**	**150**	**200**	**50**	**200**	**900**
fixe Produktkosten	10	20	15	30	40	20	135
DB 2	**240**	**30**	**135**	**170**	**10**	**180**	**765**
fixe Produktgruppenkosten	40		80		120		240
DB 3	**230**		**225**		**70**		**525**
fixe Profit-Center-Kosten	200				150		350
DB 4	**255**				**-80**		**175**
unternehmensfixe Kosten							120
Unternehmenserfolg							**55**

Diese Trichterform muss als idealtypisch angesehen werden, da sich in der Realität nicht immer Produktgruppen zu Profit Centern zusammenfassen lassen, sondern andere oder weitere Kriterien für die Bildung von Profit Centern herangezogen werden. Realistischer ist daher, dass für jeden gewünschten Blickwinkel im Unternehmen eine eigene mehrstufige Deckungsbeitragsrechnung aufgebaut wird, z. B. eine nach Kundengruppen, eine nach Produktgruppen, eine nach Regionen etc.

Wenn Sie Ihre Profit-Center-Leiter und vielleicht auch die anderen Mitarbeiter der Profit Center erfolgsorientiert entlohnen wollen, werden Sie als Zielgröße sicher nie alleine den Umsatz festlegen. Das verleitet dazu, möglichst viel Umsatz zu akquirieren, ohne darauf zu achten, dass es sich um „guten" Umsatz handelt, der viel Gewinn einbringt. Wenn Sie Ihren Umsatz um 100.000 Euro steigern können, Ihre Kosten aber um den gleichen Betrag steigen, nützt Ihnen dieser Umsatz nichts. Daher ist es sinnvoller, zumindest als eine weitere Zielgröße den Deckungsbeitrag (der richtigen Stufe) zu wählen. Nur so erreichen Sie, dass die Ziele Ihrer Mitarbeiter in dieselbe Richtung laufen, wie die Ziele Ihres Unternehmens.

6 Stellen Sie Ihr Produkt-/Dienstleistungs-sortiment richtig zusammen

6.1 Finden Sie die Verlustbringer!

Checkpoint 7

Überprüfen Sie regelmäßig Ihr Produktsortiment! Wenn sich Verlustbringer darunter befinden, sollten Sie sich vielleicht von diesen Produkten trennen. Und nur, wenn Sie Ihre Gewinnbringer kennen, können Sie diese fördern. Wie können Sie herausfinden, ob Sie mit einem Produkt Gewinn oder Verlust machen? Dazu wurde bereits in Kapitel D die Produkt-Erfolgsrechnung eingeführt. Nachfolgend werden die dort angestellten Überlegungen im Sinne der Deckungsbeitragsrechnung weiter vertieft.

Beispiel zur Produktsortiment-Planung (Produktion):

Nehmen Sie die Produktkalkulation der Großbäckerei aus Kapitel D2 für das Brötchen. Unterstellen Sie aber einmal, dass Sie mit dem Produkt statt 46,08 Euro pro 1.000 Brötchen Gewinn einen Verlust von 20,00 Euro pro 1.000 Brötchen (0,02 Euro/Stck.) erwirtschaften.

Sie haben bisher insgesamt 1.000.000 Brötchen pro Jahr verkauft. Wenn Sie sich entscheiden, das Produkt nicht mehr zu produzieren, erwarten Sie eine Gewinnsteigerung von 20.000 Euro pro Jahr (1.000.000 Stück x 0,02 Euro/Stück), weil Sie den Verlustbringer aus dem Programm genommen haben.

Tatsächlich tritt hier aber die gleiche Dynamik ein, wie bei der Make-or-Buy-Entscheidung (Kapitel F4): Sie werden nicht alle Kosten einsparen können, die Sie in die Kosten für die Brötchen eingerechnet haben. Ein Teil der Gemeinkosten wurde pauschal als Umlage zugerechnet und muss jetzt auf die anderen Produkte verteilt werden. Sie werden den erhofften zusätzlichen Gewinn von 20.000 Euro nicht realisieren können. Wenn mehr als 20.000 Euro an Gemeinkosten übrigbleiben, verringern Sie sogar Ihren Gewinn gegenüber der vorherigen Situation. Das heißt, die **Vollkostenrechnung**, mit der Sie den Gewinn oder Verlust eines Produkts ausweisen, ist als Entscheidungsgrundlage für Ihre Produktsortiment-Planung nicht ausreichend.

Sie brauchen eine Unterteilung zwischen zwei verschiedenen Kostentypen. Auf der einen Seite sind das die Kosten, die dem Produkt direkt zurechenbar sind und daher abgebaut werden können, wenn das Produkt nicht mehr produziert wird. Auf der anderen Seite sind es die Kosten, die sich nicht dem Produkt zurechnen lassen und damit in der Regel nicht abgebaut werden können. Deshalb benötigen Sie eine mehrstufige Deckungsbeitragsrechnung, um darüber zu entscheiden, ob ein Produkt im Sortiment bleibt oder entfernt wird. Diese mehrstufige Deckungsbeitragsrechnung können Sie entsprechend dem in Kapitel F4 dargestellten Schema mit dem fiktiven Zahlenbeispiel aufbauen (Tabelle „Mehrstufige DBR").

Beispiel mehrstufige Deckungsbeitragsrechnung (Produktion):

Für die Großbäckerei wird das Schema der mehrstufigen Deckungsbeitragsrechnung wie folgt angewendet: Die gröbste Stufe Profit Center beinhaltet eine Profit-Center-Organisation nach den Sparten Backwaren und Snacks. In der Stufe darunter befinden sich die Produktgruppen Backwaren 1, Backwaren 2 und Snacks. Jede Produktgruppe besteht wiederum aus mehreren Produkten (Brötchen, Brezeln, Snacks).

Die Absatzzahlen für die einzelnen Produkte sowie deren Verkaufspreise wurden zum besseren Verständnis ebenfalls in die Tabelle eingefügt.

Die variablen Kosten sind die Materialeinzelkosten der Produkte, die produktfixen Kosten sind die Fertigungskosten. Der Deckungsbeitrag 2 ist in der folgenden Tabelle einmal als Gesamtgröße für alle abgesetzten Einheiten angegeben und einmal als Betrag pro 1.000 Stück, damit die Produkte verglichen werden können. Die produktgruppenfixen Kosten wurden nicht weiter präzisiert. Sie könnten aber z. B. Teile der Vertriebskosten enthalten, die sich eindeutig auf eine Produktgruppe beziehen. Die Profit-Center-fixen Kosten könnten z. B. Personalkosten sein, die eindeutig einem Profit Center zugerechnet werden können.

Mehrst. DBR Prod.

Mehrstufige Deckungsbeitragsrechnung (Produktion)							
Profit Center	Backwaren				Snacks		Gesamt
Produktgruppen	Backwaren 1		Bw. 2		Snacks		
Produkte	Brötchen	Brezeln	...	...	Snacks	...	
Absatzzahlen (in 1000 Stück)	1000	500			200		
Preis pro 1000 Stück (in Euro)	260	550			1.400		
Umsatz (Td Euro)	**260,0**	**275,0**			**280,0**		
Materialeinzelkosten (Td Euro)	18,3	6,5			6,0		
DB 1 (Td Euro)	**241,7**	**268,5**			**274,0**		
Fertigungskosten (Td Euro)	85,0	106,3			122,4		
DB 2 gesamt (Td Euro)	**156,7**	**162,2**			**151,6**		
DB 2 pro 1000 Stück (Euro)	**156,7**	**324,4**			**758,0**		
fixe Produktgruppenkosten							
DB 3							
fixe Profit-Center-Kosten							
DB 4							
unternehmensfixe Kosten							
Unternehmenserfolg							

Die Entscheidung darüber, ob ein Produkt weitergeführt wird oder nicht, fällt (zumindest kurzfristig) nach dem letzten Deckungsbeitrag, der dem Produkt verursachungsgerecht zuzurechnen ist. Das ist in dem Beispiel der Deckungsbeitrag 2 (nach Abzug der produktfixen Kosten). Ist dieser Deckungsbeitrag positiv, gibt es kurzfristig keinen Grund, das Produkt aus dem Sortiment zu nehmen. Jeder Euro Deckungsbeitrag hilft, einen Teil der Fixkosten zu erwirtschaften. Ohne das Produkt würde das Unternehmen (kurzfristig) schlechter dastehen.

Zusammengefasst:

Produkte mit positiven Deckungsbeiträgen werden zunächst nicht aus dem Sortiment genommen, auch wenn sie nach (pauschaler) Zurechnung **aller** fixen Kosten einen Verlust einbringen. Langfristig müssen allerdings auch die fixen Kosten ausgeglichen werden, d. h. alle Deckungsbeiträge zusammen müssen so hoch sein, dass **alle** fixen Kosten gedeckt sind. Das lässt sich mithilfe der Deckungsbeitragsrechnung nur für das Unternehmen insgesamt entscheiden.

Eine Aufteilung der fixen Kosten auf die einzelnen Produkte, d. h. eine Vollkostenrechnung, kann zu Fehlentscheidungen im Produktmix führen, weil möglicherweise Kosten zugerechnet werden, die ein Produkt nicht zu verantworten hat. Damit könnte dieses Produkt „kaputtgerechnet" werden.

Ein Produkt, das einen negativen Deckungsbeitrag hat, sollten Sie auf jeden Fall aus dem Sortiment nehmen, weil Sie Ihren Kunden praktisch noch etwas dafür zahlen, dass sie Ihr Produkt abnehmen. Das entspricht auch der Idee des Mindestverkaufspreises aus Kapitel F3: Wenn der Deckungsbeitrag negativ ist, ist dieser Mindestverkaufspreis unterschritten.

6.2 Planen Sie richtig bei Kapazitätsengpässen!

Checkpoint 8

Sie werden sich gegen ein Produkt entscheiden, wenn es einen negativen Deckungsbeitrag hat. Was ist aber, wenn alle Ihre Produkte einen positiven Deckungsbeitrag haben, Ihnen aber nur begrenzte Produktionskapazitäten zur Verfügung stehen? In dieser Situation können Sie nicht so viele Einheiten von jedem Produkt produzieren, wie Sie am Markt unterbringen können. Sie werden entscheiden, welches Produkt „wertvoller" ist als ein anderes. Diese Entscheidung wird engpassorientiert getroffen, wie das folgende Beispiel verdeutlicht:

Beispiel zur engpassorientierten Produktsortiment-Planung (Produktion):

Der Deckungsbeitrag 2 des Produkts Brötchen der Großbäckerei beträgt 156,70 Euro pro 1.000 Stück, der des Produkts Brezel 324,40 Euro pro 1.000 Stück und der des Produkts Snack 758,00 Euro pro 1.000 Stück. Da die Snacks den größten Deckungsbeitrag erwirtschaften, würden Sie sich vielleicht entscheiden, zunächst alle Fertigungskapazitäten für dieses Produkt zu verwenden, bevor Sie auch

Brötchen oder Brezeln produzieren. Wenn die Absatzmöglichkeiten für Snacks gut sind, könnte das bedeuten, dass Sie gar keine Brötchen und Brezeln mehr produzieren und Ihre gesamte Fertigungskapazität für die Snacks verwenden.

Das wäre aber nicht ratsam, wie die folgende Überlegung verdeutlicht: Tatsache ist, dass Ihnen die Snacks einen größeren **Stück-Deckungsbeitrag** liefern als die Brezeln und die Brötchen. Sie können aber mit der begrenzten Fertigungskapazität viel weniger Snacks produzieren als Brötchen oder Brezeln, weil die Fertigungszeit für Snacks viel höher ist.

Die Fertigungszeit für Brötchen beträgt 100 Minuten pro 1.000 Brötchen, die für Brezeln 250 Minuten pro 1.000 Brezeln und die für Snacks 720 Minuten pro 1.000 Stück. Das heißt, in 720 Minuten Fertigungszeit können Sie 7.200 Brötchen oder 2.880 Brezeln produzieren, aber nur 1.000 Snacks. Wenn Ihnen begrenzte Fertigungszeiten zur Verfügung stehen, müssen Sie Ihre Entscheidung nach dem **Deckungsbeitrag pro Minute** treffen. Dieser liegt für die Brötchen bei 1,57 Euro pro Minute (156,70 Euro : 100 Minuten), für die Brezeln bei 1,30 Euro pro Minute (324,40 Euro : 250 Minuten) und für die Snacks bei 1,05 Euro pro Minute (758 Euro : 720 Minuten). Die Brötchen schneiden in diesem Vergleich am besten ab.

Engpass-DB

Ermittlung der engpassorientierten Deckungsbeiträge			
	Brötchen	Brezeln	Snacks
Fertigungszeit pro 1.000 Stück (Minuten)	100	250	720
Deckungsbeitrag pro 1.000 Stück (Euro)	156,7	324,4	758,0
Deckungsbeitrag pro Minute (Euro)	**1,57**	**1,30**	**1,05**

Angenommen, es stehen Ihnen insgesamt 12.000 Fertigungsstunden zur Verfügung, also 720.000 Fertigungsminuten. Wenn Sie **alle** Minuten für die Produktion nur eines der drei Produkte einsetzen würden, erhielten Sie die folgenden Gesamtdeckungsbeiträge:

Gesamt-DB

Ermittlung der Gesamtdeckungsbeiträge			
	Brötchen	Brezeln	Snacks
Gesamtfertigungszeit (Minuten)	720.000	720.000	720.000
Fertigungszeit pro 1.000 Stück (Minuten)	100	250	720
Produzierte Stückzahl	7.200.000	2.880.000	1.000.000
Deckungsbeitrag pro 1.000 Stück (Euro)	156,7	324,4	758,0
Gesamtdeckungsbeitrag (Euro)	**1.128.240**	**934.272**	**758.000**

Danach könnten Sie die 720.000 Fertigungsminuten am erfolgreichsten für die Brötchen einsetzen, weil sie den größten Deckungsbeitrag pro Engpasseinheit (pro Minute) und damit auch den größten Gesamtdeckungsbeitrag einbringen würden.

Zusammengefasst:

Wenn Sie einen Kapazitätsengpass haben, sollten Sie engpassorientiert entscheiden. Der Deckungsbeitrag pro Stück ist dann nicht mehr das richtige Entscheidungskriterium zur Auswahl zwischen den Produkten, sondern der Deckungsbeitrag pro Engpasseinheit, auch „relativer Deckungsbeitrag" genannt. Wenn Sie zwischen mehr als zwei Produkten entscheiden, bilden Sie eine Rangfolge nach der Höhe der relativen Deckungsbeiträge und „arbeiten die Produkte nach der Rangfolge ab".

Das bedeutet, das Produkt mit dem höchsten relativen Deckungsbeitrag wird in maximaler Menge produziert (maximal bedeutet, so viel, wie der Markt aufnehmen kann). Sollten dann noch Engpasseinheiten übrig sein, wird das zweitbeste Produkt in Angriff genommen usw.

Auch die Entscheidung, für welches Ihrer Produkte Sie eventuell Ihre Kapazitäten **erhöhen** sollten, treffen Sie anhand des relativen Deckungsbeitrags. Wenn Sie beispielsweise mit einer neuen Fertigungsanlage und neuem Personal 720.000 Minuten neue Fertigungskapazitäten schaffen könnten, sollten Sie diese, wie oben beschrieben, für die Produktion von Brötchen einsetzen, da sie den größten relativen Deckungsbeitrag haben. Voraussetzung ist natürlich, Sie können die Brötchen auch absetzen.

Soweit ist die Überlegung einigermaßen überschaubar. Dann heißt es allerdings, aufpassen. Die Kapazitätserweiterung hat wiederum Auswirkungen auf Ihre Kosten. Es gilt zu bedenken, ob es sich überhaupt lohnt, die Kapazitäten zu erhöhen. Die Fixkosten und die variablen Kosten, die durch die Kapazitätserweiterung **neu** hinzukommen, sind in die Überlegung einzubeziehen. Der neue Deckungsbeitrag der zusätzlich produzierten Brötchen würde, wie in dem Beispiel oben errechnet, 1.128.240 Euro betragen. Die zusätzlichen fixen Kosten pro Jahr dürfen durch die Kapazitätserweiterung (Abschreibungen der neuen Maschine, zusätzliche Personalkosten etc.) auf keinen Fall größer sein als dieser Betrag. Im Gegenteil, sie müssen sogar deutlich niedriger sein, sonst lohnt sich die Investition nicht. Da muss der Controller schon ein bisschen „zaubern", um alle Möglichkeiten durchzurechnen, da die Kapazitätserweiterung auch durch Überstunden oder Erhöhung der Produktivität erreicht werden kann.

6.3 Setzen Sie Ihr Werbebudget für die richtigen Produkte ein?

Checkpoint 9

Mit Werbung versucht man, die Absatzmenge von Produkten zu beeinflussen oder einen höheren Preis am Markt durchzusetzen. Da Ihnen vermutlich nur ein begrenztes Werbebudget zur Verfügung steht, benötigen Sie Informationen, um zu entscheiden, wie Sie Ihre Werbung am wirksamsten einsetzen können.

Auf jeden Fall wollen Sie durch den Einsatz Ihrer Werbung insgesamt einen höheren Gewinn erzielen. Sie müssten also den Deckungsbeitrag Ihres gesamten Sortiments um einen Betrag steigern, der über dem eingesetzten Werbebudget liegt. Nehmen wir an, Sie planen eine Preisoffensive: Sie bewerben massiv eines oder mehrere Ihrer Produkte und geben bekannt, dass Sie die Preise für einen gewissen Zeitraum um – sagen wir – 10 % senken werden. Um zu entscheiden, ob sich das für Sie lohnen wird, können Sie die Break-Even-Analyse aus Kapitel F2 einsetzen.

Die folgende Formel war zur Errechnung des Break-Even-Umsatzes gedacht.

Break-Even-Umsatz =
fixe Kosten : Deckungsbeitrag in Prozent vom Umsatz

Gegenüber der Vorgehensweise in Kapitel F2 gibt es jetzt einen kleinen, aber entscheidenden Unterschied. Während wir bisher Preis- und Mengenveränderungen immer strikt getrennt betrachtet haben, vermischen sich die beiden Komponenten in diesem Beispiel, weil wir die Mengensteigerung durch eine Preissenkung erreichen wollen. Wir müssen also nicht nur das Werbebudget als Kostenfaktor einplanen, sondern auch die Preissenkung, die wir unseren Kunden und potenziellen Neukunden anbieten wollen.

Entscheidung über den Einsatz eines Werbebudgets (Produktion):

Greifen wir dazu das Beispiel der Bäckerei noch einmal auf, für das wir bereits eine mehrstufige Deckungsbeitragsrechnung erstellt hatten.

Mehrstufige Deckungsbeitragsrechnung (Produktion)							
Profit Center	**Backwaren**				**Snacks**		**Gesamt**
Produktgruppen	**Backwaren 1**		**Bw. 2**		**Snacks**		
Produkte	**Brötchen**	**Brezeln**	**...**	**...**	**Snacks**	**...**	
Absatzzahlen (in 1000 Stück)	1000	500			200		
Preis pro 1000 Stück (in Euro)	260	550			1.400		
Umsatz (Td Euro)	**260,0**	**275,0**			**280,0**		
Materialeinzelkosten (Td Euro)	18,3	6,5			6,0		
DB 1 (Td Euro)	**241,7**	**268,5**			**274,0**		
Fertigungskosten (Td Euro)	85,0	106,3			122,4		
DB 2 gesamt (Td Euro)	**156,7**	**162,2**			**151,6**		
DB 2 pro 1000 Stück (Euro)	**156,7**	**324,4**			**758,0**		
fixe Produktgruppenkosten							
DB 3							
fixe Profit-Center-Kosten							
DB 4							
unternehmensfixe Kosten							
Unternehmenserfolg							

1. Fall: Erhöhung der Absatzmenge

Mit dem Verkauf von 1 Mio. Brötchen bei einem Verkaufspreis von 26 Cent pro Stück kamen wir auf einen Deckungsbeitrag 1 von 241.700 Euro und einen Deckungsbeitrag 2 von 156.700 Euro. Angenommen, wir kündigen jetzt im Rahmen der Werbemaßnahme, die uns 10.000 Euro kosten würde, an, dass wir den Verkaufspreis für die Brötchen für einen Zeitraum von drei Monaten auf 20 Cent pro Stück senken werden. Die Materialkosten für die zusätzlich zu produzierenden Brötchen verändern sich nicht pro Stück und auch die Fertigungskosten nicht, was bedeutet, dass wir im Fall der Mehrproduktion zusätzliche Aushilfskräfte beschäftigen müssen, die die gleichen Kosten pro Stunde verursachen wie die bisherigen Fertigungsmitarbeiter.

Statt eines Deckungsbeitrags 2 pro 1.000 Stück von 156,70 Euro werden wir durch den um 6 Cent pro Stück reduzierten Verkaufspreis jetzt nur noch einen Deckungsbeitrag 2 von 96,70 Euro pro 1.000 Stück erzielen (156,70 – 60,00), und zwar für alle Brötchen, auch die, die wir sonst für 26 Cent verkauft hätten. In drei Monaten haben wir bisher ca. 250.000 Brötchen verkauft. Wir verlieren also hier weitere 15.000 Euro durch die Preissenkung (250.000 Stück x 0,06 Euro pro Stück).

Die Frage ist, wie viele Brötchen wir mehr verkaufen müssen, um das Werbebudget von 10.000 Euro und den Verlust aus dem reduzierten Verkaufspreis von 15.000 Euro auszugleichen?

Der Break-Even-Umsatz für die Werbemaßnahme errechnet sich nach der folgenden Formel:

BEU = fixe Kosten : Deckungsgrad

Der Deckungsgrad ist der (neue) Deckungsbeitrag dividiert durch den (neuen) Umsatz, also 96,70 : 200,00 = 48,35 %. Die relevanten fixen Kosten sind zum Einen der Werbeetat von 10.000 Euro und zum Anderen die verlorenen 6 Cent pro Brötchen von den sonst für 26 Cent verkauften 250.000 Brötchen, also weitere 15.000 Euro. Der Break-Even-Umsatz beträgt somit:

BEU = (10.000 + 15.000) : 48,35 % = 51.706 Euro

Dividiert durch den Verkaufspreis von 20 Cent pro Stück, kommen wir auf eine Break-Even-Menge von 255.380 Stück. Demnach müssten wir mehr als doppelt so viele Brötchen in den beworbenen drei Monaten verkaufen als vorher, um die Werbemaßnahme inklusive der Preissenkung zu rechtfertigen. Und dann haben wir noch keinen Cent mehr

Gewinn erwirtschaftet als vorher. Jeder mag selbst entscheiden, ob er das für ein realistisch erreichbares Ziel hält.

2. Fall: Erhöhung des Verkaufspreises

Nun zum zweiten Fall: Sie glauben, dass Sie durch eine gezielte Image-Kampagne, die 50.000 Euro kosten würde, eine Preissteigerung bei Ihren Kunden durchsetzen können. Das geht natürlich nicht einfach so, sondern Sie müssen Ihren Kunden schon glaubhaft machen, dass sich an Ihrem Produkt qualitativ etwas geändert hat, das den höheren Preis rechtfertigt. Nehmen wir an, Sie teilen Ihren Kunden mit, dass Sie ab sofort eine neue Mehlsorte für Ihre Brötchen verwenden, die qualitativ deutlich über der bisher verwendeten Sorte steht. Das wiederum bedeutet, dass auch Ihre Kosten steigen werden.

Nehmen wir an, Sie erwarten eine Kostensteigerung für das neue Mehl in Höhe von 20 %, das heißt, die Kosten für Mehl steigen von 12,00 Euro pro 1.000 Stück auf 14,40 Euro pro 1.000 Stück. Die Frage lautet: Wie hoch muss der neue Verkaufspreis mindestens sein, damit Sie nicht nur das Werbebudget innerhalb einer festgesetzten Frist (sagen wir ein Jahr) amortisiert haben, sondern auch dauerhaft die erhöhten Kosten erwirtschaften.

Dazu brauchen wir keine Formel. Innerhalb eines Jahres müssen wir 2,20 Euro x 1000 = 2.200 Euro (für 1 Mio. Brötchen) für das teurere Mehl und 50.000 Euro für die Werbemaßnahme wieder „reinholen". Das sind zusammen 52.200 Euro. Bezogen auf 1 Mio. verkaufter Brötchen sind das etwas mehr als 5 Cent pro Stück. Der Verkaufspreis für die Brötchen müsste also von 26 Cent auf 32 Cent erhöht werden. Auch hier mag jeder selbst entscheiden, ob das eine realistisch erzielbare Größe ist, oder ob man möglicherweise damit rechnen muss, durch die Maßnahme Kunden zu verlieren.

Und jetzt kommen wir zu der Mischung von Preis- und Mengenveränderung. Geben Sie eine Schätzung darüber ab, wie viel Prozent Ihrer Kunden zu dem neuen Preis keine Brötchen mehr bei Ihnen kaufen wird. Angenommen, Sie rechnen mit 10 % Mengenreduktion, dann müssen Sie zusätzlich zu den 50.000 Euro Werbekosten und den Mehrkosten von 2,20 Euro pro 1000 Stück (jetzt allerdings nur noch für 900.000 Brötchen) auch noch den Deckungsbeitrag der 100.000 Brötchen berücksichtigen, die Sie weniger verkaufen werden, das sind mindestens 15.670 Euro (Deckungsbeitrag 2). Wahrscheinlich sind es sogar 24.170 Euro (Deckungsbeitrag 1), weil Sie die Fertigungskosten nicht entsprechend reduzieren können, „nur" weil Sie 10 % weniger produzieren.

Also: 50.000 + 2,20 x 900 + 24.170 = 76.150 Euro

Dividiert durch die verkauften 900.000 Stück sind das mehr als 8 Cent pro Stück. Die neuen Brötchen müssten also 35 Cent pro Stück kosten, damit sich die Maßnahme lohnen würde.

Eins ist hier zu beachten. Wir haben die 50.000 Euro einfach komplett im ersten Jahr „abgeschrieben". Reicht uns ein Amortisationszeitraum von zwei oder mehr Jahren für die Maßnahme aus, gestaltet sich die Situation günstiger.

Es soll an dieser Stelle auch nicht unerwähnt bleiben, dass neben den finanziellen Erwägungen übergreifende Fragen in solche strategischen Entscheidungen einbezogen werden müssen: Spezielle Marktbedingungen, Vertragsbindungen und die Frage, ob Sie sich langfristig strategisch richtig aufstellen, sind mit zu berücksichtigen. Die ermittelten Daten sind aber wertvolle Anhaltspunkte bei der Entscheidung, wo sich der Einsatz Ihres Werbebudgets am meisten lohnt.

Die meisten von Ihnen werden ein Fitness-Studio schon einmal von innen gesehen haben und werden daher leicht in das folgende Beispiel zu den übergreifenden Fragen von strategischen Entscheidungen „einsteigen" können. Angenommen, das Studio bietet neben einem Geräteraum für Krafttraining auch verschiedene Kurse wie Wirbelsäulengymnastik, Step, Aerobic, BOP, Body-Workout etc. an sowie die Nutzung einer Sauna und einer Sonnenbank.

Die Einzelkosten wie Abschreibungen der Geräte, Miete für die Räume etc. lassen sich ohne große Mühe auf die „Produkte" aufteilen, die Umsätze (Beiträge der Mitglieder) mit etwas mehr Mühe auch. Dazu muss man „nur" die Mitgliedsbeiträge entsprechend der Nutzung der verschiedenen Angebote durch die Mitglieder auf die „Produkte" aufteilen. Es ist also möglich, eine Produkt-Erfolgsrechnung zu erstellen, die Deckungsbeiträge für die verschiedenen Angebote (Geräte, Kurse etc.) liefert.

Wenn das „Produkt Kurse" dann den höchsten Deckungsbeitrag bringt, heißt das aber nicht automatisch, dass man mit der Werbung für die Kurse am meisten erreicht, da Mitglieder eines Fitness-Studios in der Regel das Komplett-Angebot erwarten, auch wenn sie regelmäßig nur einen Teil davon nutzen. Umgekehrt gesagt: Weil das „Produkt Geräte" einen negativen Deckungsbeitrag liefert, kann man nicht einfach den Geräteraum schließen bzw. anderweitig nutzen und damit den Gewinn des Studios erhöhen. Man muss damit rechnen, dass Mitglieder abwandern, die hauptsächlich den Geräteraum nutzen, und damit ginge der **gesamte** Mitgliedsbeitrag dieser Mitglieder verloren. Die Deckungsbeiträge der anderen Produkte würden sich also verschlechtern. Selbst Mitglieder, die die Geräte nur sehr selten nutzen, könnten nach einer Schließung des Geräteraums ihre Mitgliedschaft kündigen, weil sie in anderen Studios das Komplettangebot für den gleichen Preis bekommen.

Fitness-Studio

Zahlenbeispiel Fitness-Studio

	Geräte	Kurse	Sauna/ Sonnenbank	Gesamt
Nutzung	**10 %**	**85 %**	**5 %**	**100 %**
Umsatz (nach Nutzung)	**60.000**	**510.000**	**30.000**	**600.000**
Raumkosten (nach qm)	35.000	30.000	5.000	70.000
Abschreibungen	20.000	0	6.000	26.000
Vergütung Honorarkräfte	10.000	60.000	0	70.000
Summe Einzelkosten	**65.000**	**90.000**	**11.000**	**166.000**
Deckungsbeitrag	-5.000	420.000	**19.000**	**434.000**

Im nächsten Kapitel, insbesondere im Unterkapitel G5, ist der richtige Umgang mit dem Deckungsbeitrag eine wesentliche Voraussetzung dafür, die Ergebnisse von Abweichungsanalysen sinnvoll zu interpretieren.

Zusammenfassung:

Die Deckungsbeitragsrechnung kann Ihnen in vielfältigen Entscheidungssituationen eine Hilfe sein:

- wenn es darum geht, wie hoch Ihr Umsatz sein muss, damit Sie keinen Verlust machen,
- wenn Sie wissen wollen, wie viel Rabatt Sie Ihren Kunden in verschiedenen Situationen zugestehen können,
- wenn Sie eine Make-or-Buy-Entscheidung bzw. eine Outsourcing-Entscheidung treffen müssen und
- wenn Sie über die Erfolgssituation Ihrer Produkte und Dienstleistungen oder Ihrer Profit Center entscheiden wollen.

Die Deckungsbeitragsrechnung (Teilkostenrechnung) sieht im Gegensatz zur Vollkostenrechnung eine Trennung zwischen variablen und fixen Kosten vor. So ist eine verursachungsgerechte Zuordnung der Kosten auf einzelne Objekte (Produkte, Profit Center etc.) gewährleistet.

Da die fixen Kosten, die nicht einem Objekt zugeordnet werden können, als nicht entscheidungsrelevant eingestuft werden, ist die Deckungsbeitragsrechnung ein Instrument für kurzfristige Entscheidungen. Für langfristige Entscheidungen müssen **alle** fixen Kosten in die Überlegungen einbezogen werden.

Checkliste F

Checkliste F: Deckungsbeitragsrechnung
1. Trennen von variablen und fixen Kosten
2. Break-Even-Analyse
3. Bestimmen der Mindestverkaufspreise
4. Outsourcing-Entscheidungen/Make-or-Buy-Entscheidungen
5. Aufbau einer einstufigen Deckungsbeitragsrechnung
6. Aufbau einer mehrstufigen Deckungsbeitragsrechnung
7. Zusammenstellen des Produktsortiments
8. Planung bei Kapazitätsengpässen
9. Zielgerichteter Einsatz von Werbebudgets

G Planung/Budgetierung

1 Warum Sie Ihr Geschäft planen sollten

Stellen Sie sich vor, Sie haben drei Wochen Zeit für Ihren Sommerurlaub in Australien. Sie planen ein Auto zu mieten, um von Sydney im Südosten Australiens bis Cairns im Nordosten des Kontinents zu fahren. Am Zielort wollen Sie unbedingt einen Tag mit der „Sea-Star“ zum Barrier Reef hinausfahren. Sie landen mit dem Flugzeug in Sydney und holen den bestellten Mietwagen ab. Sydney gefällt Ihnen aber so gut, dass Sie drei Tage dort bleiben und dann erst weiterfahren. Sie haben die Schwierigkeit des Linksfahrens unterschätzt und kommen viel langsamer voran, als Sie gedacht haben. Außerdem haben Sie nicht bedacht, dass es – weil jetzt in Australien Winter ist – abends früh dunkel wird. In der Dunkelheit fahren Sie aber nicht gerne ...

Es ist klar, worauf das hinausläuft: Ohne eine einigermaßen detaillierte Planung Ihrer Wegstrecke und der Begleitumstände werden Sie Ihr Ziel Cairns in der vorgegebenen Zeit nicht erreichen. Als Ergebnis haben Sie weniger von Australien kennen gelernt, als Sie sich gewünscht hatten.
So leicht, wie Sie aber für Ihren Urlaub Entscheidungen treffen und auch wieder ändern können, ist das in der Unternehmenspraxis nicht möglich. Sie entscheiden nicht nur für sich alleine und die Konsequenzen sind gravierender. Wenn Sie ein bestimmtes Ziel verfolgen, z. B. möglichst viel Gewinn mit Ihrem Unternehmen zu erzielen, erreichen Sie dieses Ziel nur, wenn Sie die einzelnen Schritte planen.
Selbst wenn Sie Ihre Australienreise „generalstabsmäßig" geplant haben, die Hotels an jedem Ort vorgebucht, die täglichen Fahrtstrecken so bemessen haben, dass Sie sie auf jeden Fall bei Tageslicht schaffen können usw., sind Abweichungen von diesem Plan möglich.
Stellen Sie sich vor, auf der Fahrt von Sydney zu Ihrer ersten Zwischenstation rauscht Ihnen ein riesiger Lkw (ein „Road Train") entgegen, der so weit auf Ihre Fahrbahnseite herüberfährt, dass Sie in die Randbegrenzung fahren und das Auto dabei demolieren. Sie verlieren einen ganzen Tag für die Reparatur.

Sie sind von Ihrem Plan abgewichen! Selbst wenn Sie ab sofort Ihren ursprünglichen Plan fortsetzen, kommen Sie immer einen Tag zu spät: Ihre Hotelzimmer sind inzwischen anderweitig vergeben, Sie

kommen einen Tag zu spät in Cairns an, Sie müssen die Fahrt mit der „Sea-Star“ streichen, Ihr Flugzeug für den Rückflug ist weg ...
Wenn Sie einen Plan aufstellen, muss dieser regelmäßig überprüft werden, um Abweichungen so frühzeitig erkennen zu können, dass noch Korrekturen möglich sind. Sie können z. B. nach der Reparatur Ihres Mietwagens täglich längere Fahrtzeiten in Kauf nehmen, um Ihren Zeitplan wieder aufzuholen. Sie sind Ihrem Plan nicht ausgeliefert und müssen ihn nicht „blind“ fortsetzen. Sie können und sollten den weiteren Verlauf ändern, wenn zwischenzeitlich Planabweichungen entstehen. Dies gilt auch für unbeabsichtigte (Unfall) oder selbst herbeigeführte Abweichungen, z. B. weil Sie unterwegs in Byron Bay noch den wunderschönen Sonnenuntergang genießen wollten.
Für Ihre Unternehmensplanung heißt das: Bevor Sie anfangen, etwas zu produzieren oder Dienstleistungen zu erbringen, sollten Sie ganz genau wissen, was Sie wollen! Was ist Ihr Ziel? Wo wollen Sie mit Ihrem Unternehmen in einem Jahr, in drei Jahren, in zehn Jahren stehen?

Existenzgründer

Als Existenzgründer brauchen Sie vermutlich Startkapital von einer Bank oder einem Investor. Jeder, der Geld in Ihr Unternehmen investieren soll – auch Sie selbst –, wird wissen wollen, wie Sie sich die Entwicklung Ihres Unternehmens in den ersten Jahren vorstellen und wann Sie das Geld an die Bank zurückzahlen oder die Investoren mit der ersten Gewinnausschüttung rechnen können. Daher ist die Planung des Geschäfts für den Existenzgründer oder die Existenzgründerin von existenzieller Bedeutung.
Empfehlenswert ist es, erst einmal eine Liste aller Produkte und/oder Dienstleistungen zusammenzustellen, die Sie anbieten möchten und die eine Absatzchance haben. Ermitteln Sie die Marktpreise, die Sie voraussichtlich für diese Produkte erzielen können. Schätzen Sie, welche Mengen Sie im nächsten Jahr von jedem Produkt absetzen können. Preise und Absatzmengen zu ermitteln kann sehr aufwändig sein, aber dieser Aufwand bleibt Ihnen nicht erspart, wenn Sie böse Überraschungen vermeiden wollen.

Hilfe bei dieser Recherche können Ihnen die IHK, Branchenverbände, das Statistische Bundesamt oder die Landesämter, Banken, das Internet usw. leisten. Forschen Sie zusätzlich selbst am Markt, und finden Sie die benötigten Informationen heraus.

Existierende Unternehmen

Existiert das Unternehmen bereits, ist es nicht weniger wichtig, das Geschäft für ein Jahr (und ggf. auch darüber hinaus) im Voraus zu planen. Auch existierende Unternehmen benötigen Kredite und müssen sich daher gegenüber Bankenvertretern verantworten. Außerdem gibt es auch hier vielleicht Investoren (bzw. Inhaber), die ein Recht darauf haben zu erfahren, wie die Entwicklung des Unternehmens für die Zukunft eingeschätzt werden kann. Der oder die verantwortliche(n) Unternehmensleiter erarbeiten die Zielvorgaben, aus denen das Controlling eine konkrete, zwischen den Abteilungen des Unternehmens abgestimmte Planung erstellt.
Wenn Sie für ein bereits existierendes Unternehmen planen, haben Sie schon Erfahrungswerte aus der Vergangenheit als Grundlage für die Planung, die Sie mit den Zielvorgaben der Unternehmensleitung in Einklang bringen. Informationen über zu erwartende Ereignisse, die Ihre Absatzchancen und Ihre Kostensituation verbessern oder verschlechtern könnten, ergänzen das Bild.
Ob Sie nun ein Unternehmen neu gründen oder für ein bereits existierendes Unternehmen planen, fangen Sie damit auf der Marktseite an! Heute sind fast alle Märkte Käufermärkte, d. h. die Kaufinteressenten bestimmen, welche Produkte absetzbar sind und zu welchem Preis.

2 So planen Sie Ihren Absatz und Umsatz

Checkpoint 1

Planen heißt auch, sich Ziele zu setzen. Lösen Sie sich von den Bedingungen der Vergangenheit. Hören Sie nicht ausschließlich auf Ihr Vertriebsohr (oder Ihre Vertriebsabteilung), das Ihnen sagt, wie schwer es geworden ist, zu verkaufen. Versuchen Sie, eine ehrgeizige Planung Ihrer Absatzzahlen aufzustellen. Beteiligen Sie hierbei aber die Person(en), die für den Vertrieb zuständig sind, um realistisch

zu bleiben. Mit unrealistischen Zielen demotivieren Sie sich und Ihre Mitarbeiter. Lassen Sie die geplanten Absatzzahlen von dem (den) Vertriebsverantwortlichen „absegnen“, denn die müssen sie letztlich erreichen.
Das folgende Beispiel erstreckt sich über mehrere Seiten und führt Sie Schritt für Schritt durch die Jahresplanung eines Dienstleistungsunternehmens. Es beginnt mit der Absatz- und Umsatzplanung und zeigt anschließend auf, wie die Kostenplanung durchgeführt wird. Es wurde bewusst ein Dienstleistungsunternehmen als Beispiel gewählt, da es dort einige Besonderheiten zu bedenken gibt. Als Produktions- oder Handelsunternehmen und auch als Einzelauftragsfertiger können Sie das Beispiel aber genauso Schritt für Schritt auf Ihre individuelle Situation übertragen.

Beispiel: Jahresabsatz- und -umsatzplanung (Dienstleistung)

Es soll eine Jahresplanung für ein Dienstleistungsunternehmen im Medienbereich erstellt werden. Das Unternehmen produziert für andere Unternehmen Hörbeiträge auf CD-ROM, die gesprochene und mit Musik unterlegte Werbung für verschiedene Verwendungszwecke enthalten. Diese Werbung wird entweder

- für Firmen verschiedener Branchen über das Radio gesendet oder
- für Reiseveranstalter ins Internet gestellt, um deren Urlaubsangebote besser „rüberzubringen", oder
- in Supermärkten abgespielt. Den Mitarbeitern und den Kunden der Supermärkte werden damit Mitteilungen über aktuelle Sonderangebote gemacht, Preisausschreiben angekündigt usw.

Die Mediaagentur hat also drei verschiedene Produkte, die sie Supermarktketten, Reiseveranstaltern und anderen Firmen aller Branchen anbietet.

1. Schritt: Absatzplanung

In Zusammenarbeit mit dem Vertrieb wurde der folgende Absatzplan für das nächste Jahr aufgestellt.

Jahresabsatzplanung Mediaagentur			
	Radio	Internet	Supermarkt
Absatz (Anzahl Hörbeiträge)	330	50	1.600

2. Schritt: Umsatzplanung

Als Nächstes müssen die Absatzmengen mit den Verkaufspreisen bewertet werden. Die Marktforschung hat ergeben, dass für den Radio- und den Supermarktbeitrag je ein Verkaufspreis von 5.000 Euro pro Beitrag erzielt werden kann und für den Beitrag im Internet ein Preis von 7.000 Euro. Daraus ergibt sich die folgende Umsatzplanung für das nächste Jahr:

Umsatzplanung

Jahresumsatzplanung Mediaagentur				
	Radio	Internet	Supermarkt	Gesamt
Absatz (Anzahl Hörbeiträge)	330	50	1.600	--
Verkaufspreis pro Beitrag (Euro)	5.000	7.000	5.000	--
Umsatz (Euro)	1.650.000	350.000	8.000.000	**10.000.000**

3 Die Kostenplanung

Checkpoint 2

Auf der Grundlage der Umsatzplanung werden die Kosten für das nächste Geschäftsjahr geplant. Dazu muss festgelegt werden, für welche Arbeiten eigene Mitarbeiter und wofür Zeitarbeitskräfte oder Fremdfirmen eingesetzt werden sollen. Um diese Entscheidung (Outsourcing/Make-or-Buy) zu unterstützen, sollte die Deckungsbeitragsrechnung eingesetzt werden, die ausführlich in Kapitel F erläutert wurde.

Beispiel: Jahreskostenplanung (Dienstleistung)

Bei der Kostenplanung wird, wie bei der Umsatzplanung, zunächst nach Produkten vorgegangen. Die Kostenplanung wird in fünf Schritten durchgeführt, die Sie einen nach dem anderen auf Ihre individuelle Situation übertragen können.

1. Schritt: Welche Kosten fallen an?

Die Kosten der Mediaagentur setzen sich zusammen aus:

- Sprecherhonoraren für die Berufssprecher, die die Hörbeiträge aufsprechen,
- Kosten für Fremdfirmen, die die Hörbeiträge produzieren,
- Kosten für Zeitarbeitskräfte, die bei Kapazitätsengpässen eingesetzt werden,

- Kosten für fest angestellte Mitarbeiter (Verwaltungsangestellte und eigene Dienstleister) und
- sonstigen betrieblichen Kosten.

Sprecherhonorare, Fremdleistungen und Zeitarbeitskräfte

Die Sprecherhonorare sind den Produkten direkt zurechenbar, da die Honorare nur gezahlt werden, wenn sie auch tatsächlich in Anspruch genommen werden. Das Gleiche gilt für Fremdleistungen und Zeitarbeitskräfte: Es werden nur dann Fremdfirmen und Zeitarbeitskräfte eingesetzt, wenn auch tatsächlich produziert wird. Das hört sich simpel an, aber Sie werden sehen, dass das ein wichtiges Unterscheidungsmerkmal zwischen den Kostenarten ist, wenn Sie die Plan-Deckungsbeitragsrechnung aufbauen.

Personalkosten der eigenen Dienstleister

Die eigenen Dienstleister gehören zur Betriebsbereitschaft, da eigene Mitarbeiter nicht auf Tagesbasis beschäftigt werden können. Dennoch lassen sich diese Kosten, wie schon in Kapitel D3 gezeigt, über den Umweg von Stundenplanungen den Produkten direkt zurechnen.

Sonstige fixe Kosten

Alle übrigen Kosten (Personalkosten Verwaltungsangestellte und sonstige betriebliche Kosten) sind Kosten der Betriebsbereitschaft und lassen sich nicht verursachungsgerecht auf die Produkte aufteilen. Sie werden deshalb nur für das Gesamtunternehmen in einem Betrag pro Kostenart geplant.

2. Schritt: Planung der direkt zurechenbaren Kosten

Zunächst werden die direkt zurechenbaren Kosten geplant, d. h. die Kosten für Sprecherhonorare, Fremdleistungen und Zeitarbeitskräfte. Erfahrungswerte aus der Vergangenheit haben ergeben, dass pro Hörbeitrag durchschnittlich 9,9 % des Umsatzes für Sprecherhonorare ausgegeben werden müssen, 19,8 % für Fremdleistungen und 20 % für Zeitarbeitskräfte.

Die Zeitarbeitskräfte werden zwar nicht gleichmäßig für jeden Hörbeitrag eingesetzt, sondern nur bei Kapazitätsengpässen. Sie müssen aber dennoch über einen Durchschnittswert geplant werden, da die exakten Werte pro Hörbeitrag nicht im Vorhinein planbar sind.

Es ergibt sich die folgende Kostenplanung für die direkt zurechenbaren Kosten:

Kostenplanung

Jahreskostenplanung Mediaagentur 2. Schritt				
	Radio Euro	**Internet Euro**	**Supermarkt Euro**	**Gesamt Euro**
Umsatz	1.650.000	350.000	8.000.000	**10.000.000**
Sprecherhonorare (9,9 % vom Umsatz)	163.350	34.650	792.000	**990.000**
Fremdleistungen (19,8 % vom Umsatz)	326.700	69.300	1.584.000	**1.980.000**
Zeitarbeitskräfte (20 % vom Umsatz)	330.000	70.000	1.600.000	**2.000.000**

3. Schritt: Planung der Personalkosten der eigenen Dienstleister

Die übrigen Kosten sind fix. Von den Personalkosten nehmen die Personalkosten der eigenen Dienstleister eine Sonderstellung ein, da sie über geplante Stunden den Produkten zugeordnet werden können. Dadurch werden diese Gemeinkosten zu Einzelkosten gemacht. Zunächst wird aufgrund der Absatzplanung die benötigte Personalkapazität geschätzt. Die Gehälter und die zugehörigen Nebenkosten dieses Personals ergeben summiert die Personalkosten für eigene Dienstleister, in diesem Beispiel einen Betrag von 2.673.000 Euro.

Pro Radiobeitrag wurden aufgrund von Erfahrungswerten durchschnittlich 40 Stunden Zeiteinsatz dieser Mitarbeiter geplant, pro Internetbeitrag 60 Stunden und pro Supermarktbeitrag 27 Stunden. Das ergibt bei Personalkosten von 2.673.000 Euro und 59.400 Gesamtstunden einen durchschnittlichen Stundensatz von 45 Euro/Std. über alle Hörbeiträge. Natürlich können stattdessen auch unterschiedliche Stundensätze für verschiedene Mitarbeitergruppen verwendet werden.

Gesamtstunden und durchschnittlicher Stundensatz		
330 Radiobeiträge x 40 Std./Beitrag =	13.200	Std.
50 Internetbeiträge x 60 Std./Beitrag =	3.000	Std.
1600 Supermarktbeiträge x 27 Std./Beitrag =	43.200	Std.
Gesamt	**59.400**	**Std.**
Personalkosten eigene Dienstleister	2.673.000	Euro
Durchschn. Stundensatz (2.673.000 : 59.400 =)	**45**	**Euro/Std**

Mit diesem Stundensatz lassen sich die Personalkosten der eigenen Dienstleister auf die verschiedenen Hörbeiträge, wie in der folgenden Tabelle gezeigt, verteilen.

(Beispielrechnung Radio: 13.200 Std. x 45 Euro/Std. = 594.000 Euro)

Kostenplanung

Jahreskostenplanung Mediaagentur 3. Schritt				
	Radio	**Internet**	**Supermarkt**	**Gesamt**
Absatz (Anz. Hörbeiträge)	330	50	1.600	**1.980**
Stunden pro Beitrag	40	60	27	
Gesamtstunden pro Beitragsart	13.200	3.000	43.200	**59.400**
durchschn. Stundensatz (Euro/Std.)	45	45	45	
Personalkosten eigener DL (Euro)	**594.000**	**135.000**	**1.944.000**	**2.673.000**

4. Schritt: Planung der sonstigen fixen Kosten

Die sonstigen fixen Kosten (Personalkosten für Verwaltungsangestellte und sonstige betriebliche Kosten) werden auf der Basis der gewünschten bzw. notwendigen Grundkapazität geplant.

5. Schritt: Zusammenführung zu einer zweistufigen Deckungsbeitragsrechnung

Die Umsätze wurden den Produkten zugeordnet, die Kosten für Sprecherhonorare, Fremdleistungen und Zeitarbeitskräfte ebenso. Bei diesen Kosten handelt es sich um variable Kosten, die von der Umsatzhöhe abhängig sind (je mehr Beiträge Sie absetzen, desto höher sind Ihre Kosten).

Die Personalkosten der eigenen Dienstleister wurden zwar auch den Produkten zugeordnet (über Stundenplanungen). Sie sind aber fix, d. h. sie verändern sich nicht mit dem Umsatz, da nicht kurzfristig neue Leute eingestellt werden, wenn der Umsatz steigt, oder Leute entlassen werden können, wenn er fällt. Stattdessen werden zur Überbrückung von Kapazitätsengpässen Zeitarbeitskräfte eingesetzt.

Die übrigen fixen Kosten (Personalkosten Verwaltungsangestellte und sonstige betriebliche Kosten) lassen sich nicht verursachungsgerecht auf die Produkte aufteilen, sondern nur noch in jeweils einer Position für das Gesamtunternehmen planen. Es ergibt sich die folgende zweistufige Plan-Deckungsbeitragsrechnung (vgl. auch Kapitel F5).

Plan-DBR

Plan-Deckungsbeitragsrechnung Mediaagentur				
	Radio Euro	**Internet Euro**	**Supermarkt Euro**	**Gesamt Euro**
Absatz (Anzahl Hörbeiträge)	330	50	1.600	**1.980**
Verkaufspreis pro Hörbeitrag	5.000	7.000	5.000	
Umsatz	**1.650.000**	**350.000**	**8.000.000**	**10.000.000**
Sprecherhonorare	163.350	34.650	792.000	990.000
Fremdleistungen	326.700	69.300	1.584.000	1.980.000
Zeitarbeitskräfte	330.000	70.000	1.600.000	2.000.000
variable Kosten	**820.050**	**173.950**	**3.976.000**	**4.970.000**
Deckungsbeitrag 1	**829.950**	**176.050**	**4.024.000**	**5.030.000**
Personalkosten eigener DL	594.000	135.000	1.944.000	2.673.000
fixe Einzelkosten	**594.000**	**135.000**	**1.944.000**	**2.673.000**
Deckungsbeitrag 2	**235.950**	**41.050**	**2.080.000**	**2.357.000**
Personalkosten Verwaltung				450.000
Mietkosten				50.000
Kfz-Kosten				30.000
Reisekosten				50.000
Werbekosten				500.000
Abschreibungen				28.000
Reparatur-/Instandhaltungskosten				2.000
sonstige betriebliche Kosten				50.000
Zinskosten				10.000
Steuern				80.000
fixe Unternehmenskosten				**1.250.000**
Gesamtunternehmenserfolg				**1.107.000**

Wenn Sie Ihren Umsatz und Ihre Kosten nicht Produkt für Produkt bzw. Dienstleistung für Dienstleistung planen wollen, schätzen Sie bitte zumindest den **Gesamt**jahresumsatz „über den Daumen“. Planen Sie anschließend alle variablen Kosten in Prozent vom Umsatz nach Ihren Erfahrungswerten (wie im Beispiel) und die fixen Kosten entsprechend den vorhandenen Kapazitäten. Sie haben dann immerhin eine Grundlage für Ihre Unternehmenssteuerung, auf der Sie aufbauen können.
Die Jahresplanung muss anschließend auf kleinere Zeiteinheiten gebracht werden, mindestens auf Quartalsebene, bei Bedarf auf Monatsebene. Nur so haben Sie die Möglichkeit, rechtzeitig „das Ruder herumzureißen“, weil Sie Abweichungen frühzeitig erkennen. Wie das geht, zeigt Ihnen das nächste Kapitel.

4 So verteilen Sie Ihre Jahresplanung auf Monate oder Quartale

Checkpoint 3

Die Planung auf Monats- oder Quartalsebene lässt sich leicht aus der Jahresplanung entwickeln. Dazu wird zunächst der Gesamtjahres**umsatz** auf Monate oder Quartale verteilt, wie er sich erfahrungsgemäß saisonabhängig verhält. Sie brauchen hier nicht mehr exakt zu planen, welche Mengen Ihrer Produkte oder Dienstleistungen in jedem Monat oder Quartal abgesetzt werden. Es genügt, wenn Sie die Verteilung „über den Daumen“ abschätzen.
Anschließend ordnen Sie die umsatzabhängigen **variablen Kosten** wie Materialkosten, Kosten für Zeitarbeitskräfte und Fremdleistungen etc. prozentual zu. Je höher der Umsatz in einem Monat oder Quartal ist, desto höher sind auch die variablen Kosten. Übertragen Sie hier einfach den durchschnittlichen prozentualen Anteil der variablen Kosten am Gesamtumsatz auf die Monate oder Quartale (im Beispiel 49,7 % = 4.970.000 : 10.000.000). Die **fixen Kosten** wie (die meisten) Personalkosten, Abschreibungen, Miete etc. werden zu gleichen Teilen auf die vier Quartale oder zwölf Monate aufgeteilt. Das gilt auch für Kosten, die unregelmäßig im Jahr anfallen, wie z. B. Urlaubsgeld oder Weihnachtsgeld. Jedes Quartal muss den gleichen Anteil an diesen Kosten tragen. Im Folgenden wird meist

nur noch von der Quartalsplanung gesprochen. Die Aussagen lassen sich aber analog auf eine Monatsplanung übertragen.
Die Personalkosten sind zwar fixe Kosten, sie lassen sich aber über die Stundenzuordnungen variabilisieren. Auch wenn pro Quartal tatsächlich ungefähr der gleiche Betrag an Personalkosten anfällt, macht es Sinn, die Personalkosten nach Inanspruchnahme des Personals zuzuordnen, um die Erfolge der Quartale richtig beurteilen zu können. Um die Quartalsplanung weiterhin einfach zu gestalten, können Sie auch die Personalkosten „über den Daumen" abschätzen. Dazu muss der durchschnittliche Anteil der Personalkosten am Umsatz im ganzen Jahr festgestellt und auf die Quartale übertragen werden. Je höher der Quartalsumsatz, desto höher die Personalkosten und umgekehrt.

Beispiel: Quartalsplanung der Mediaagentur

Das Beispiel greift auf die Jahresplanung der Mediaagentur aus Kapitel G3 zurück (s. Tabelle „Plan-DBR"). Sie finden die Daten aus dieser Jahresplanung hier als Gesamtwerte in der letzten Spalte wieder. Die Jahresplanung wird in den folgenden drei Schritten auf eine Quartalsplanung gebracht:

1. Umsatzverteilung nach saisonalen Unterschieden,
2. Zuordnung der variablen Kosten nach Umsatz,
3. Verteilung der Personalkosten nach Umsatz
4. gleichmäßige Verteilung der übrigen fixen Kosten.

zu 1. Umsatzverteilung nach saisonalen Unterschieden

Angenommen, das erste Quartal der Mediaagentur ist erfahrungsgemäß besonders umsatzstark mit 4 Mio. Euro Umsatz und das vierte Quartal besonders umsatzschwach mit nur 1 Mio. Euro Umsatz. Das zweite und dritte Quartal verlaufen durchschnittlich mit jeweils 2,5 Mio. Euro Umsatz. Es wird nur die ungefähre Größenordnung der Umsatzzahlen aufgrund von Erfahrungswerten geplant, ohne genau festzulegen, welche Hörbeiträge in welchem Quartal zu welchem Umsatz verkauft werden.

zu 2. Zuordnung der variablen Kosten nach Umsatz

Die variablen Kosten (Sprecherhonorare, Fremdleistungen und Zeitarbeitskräfte) hängen von der Höhe des Umsatzes ab. Aufgrund von Erfahrungen aus der Vergangenheit ist bekannt, dass die Sprecherhonorare ungefähr 9,9 % des Umsatzes kosten, Fremdleistungen ca. 19,8 % und Zeitarbeitskräfte ca. 20 %.

Bei 4.000.000 Euro Umsatz im ersten Quartal entstehen 396.000 Euro (9,9 % von 4.000.000) Kosten für Sprecherhonorare, 792.000 Euro (19,8 % von 4.000.000) Kosten für Fremdleistungen und 800.000 Euro (20 % von 4.000.000) Kosten für Zeitarbeitskräfte.

Wenn Sie genau wissen, dass Sie nur in dem umsatzstarken 1. Quartal Zeitarbeitskräfte benötigen, können Sie natürlich auch genauer planen, indem Sie die Kosten für Zeitarbeitskräfte im 2.-4. Quartal auf 0 setzen und im 1. Quartal den Prozentsatz entsprechend erhöhen (50 %).

zu 3. Verteilung der Personalkosten nach Umsatz

Bei einem Gesamtumsatz von 10 Mio. Euro wurden für das gesamte Jahr 2.673 Td Euro an Personalkosten eingeplant. Das sind 26,73% vom Umsatz. Übertragen auf die Quartalsumsätze von 4 Mio. Euro, 2,5 Mio. Euro, 2,5 Mio. Euro und 1 Mio. Euro ergeben sich geplante Personalkosten von 1.069.200 Euro für das erste Quartal, 668.250 Euro für das zweite und dritte Quartal und 267.300 Euro für das vierte Quartal.

zu 4. Gleichmäßige Verteilung der übrigen fixen Kosten

Betrachten Sie die nachfolgende Tabelle: Die fixen Kosten wurden zu gleichen Teilen auf die Quartale aufgeteilt. So ergeben z. B. 50.000 Euro Mietkosten pro Jahr 12.500 Euro pro Quartal (50.000 : 4). Entsprechend wird auch bei allen anderen fixen Kosten verfahren.

Quartals-
planung

Quartalsplan-Deckungsbeitragsrechnung Mediaagentur					
	1. Quartal Euro	2. Quartal Euro	3. Quartal Euro	4. Quartal Euro	Gesamt Euro
Umsatz	**4.000**	**2.500**	**2.500**	**1.000**	**10.000**
Sprecherhonorare (9,9 %)	396	247,5	247,5	99	**990**
Fremdleistungen (19,8 %)	792	495	495	198	**1.980**
Zeitarbeitskräfte (20,0 %)	800	500	500	200	**2.000**
variable Kosten	**1.988**	**1.242,5**	**1.242,5**	**497**	**4.970**
Deckungsbeitrag 1	**2.012**	**1.257,5**	**1.257,5**	**503**	**5.030**
Personalkosten eigener DL (26,73 %)	1.069,2	668,25	668,25	267,3	**2.673**
Deckungsbeitrag 2	**942,8**	**589,25**	**589,25**	**235,7**	**2.357**
Personalkosten Verwaltung	112,5	112,5	112,5	112,5	**450**
Mietkosten	12,5	12,5	12,5	12,5	**50**
Kfz-Kosten	7,5	7,5	7,5	7,5	**30**
Reisekosten	12,5	12,5	12,5	12,5	**50**
Werbekosten	125	125	125	125	**500**
Abschreibungen	7	7	7	7	**28**
Reparatur-/Instand-haltungskosten	0,5	0,5	0,5	0,5	**2**
sonstige betriebliche Kosten	12,5	12,5	12,5	12,5	**50**
Zinskosten	2,5	2,5	2,5	2,5	**10**
Steuern	20	20	20	20	**80**
fixe Kosten	**312,5**	**312,5**	**312,5**	**312,5**	**1.250**
Gesamtunternehmens-erfolg	**630,30**	**276,75**	**276,75**	**-76,80**	**1.107**

Sie sehen, dass der Umsatz des vierten Quartals nicht ausreichen wird, um ein positives Ergebnis zu erwirtschaften, und das erste Quartal mehr als den zweifachen Erfolg eines Durchschnittsquartals erwirtschaften wird. Ihr Break-Even-Umsatz für ein Quartal liegt bei der vorhandenen Fixkostensituation offenbar zwischen 1 Mio. Euro im vierten Quartal und 2,5 Mio. Euro im zweiten und dritten Quartal.

5 Planabweichungen feststellen und das Ergebnis interpretieren

5.1 Der Plan-Ist-Vergleich

Die Planung war eine mühevolle Arbeit, bildet aber auch eine wertvolle Basis für die weiteren Aufgaben des Controllers. Es bleibt nur wenig Zeit zum Verschnaufen.

Wenn die Geschäfte des ersten Quartals abgeschlossen sind, erstellen Sie umgehend die Abweichungsanalyse. Sie wollen ja möglichst frühzeitig wissen, wie das Quartal gelaufen ist, um noch rechtzeitig Maßnahmen für das nächste Quartal veranlassen zu können, falls das nötig sein sollte. Checkpoint 4

Der Planung werden nun die Istwerte auf Quartalsebene gegenübergestellt. Wie Sie die Istwerte aus den Daten der Finanzbuchhaltung entwickeln, wird im Folgenden näher erläutert. Die Vorgehensweise lässt sich wieder in vier Teilschritte untergliedern:

1. Umsatz pro Quartal erfassen,
2. variable Kosten erfassen,
3. Personalkosten erfassen
4. fixe Kosten erfassen.

1. Umsatz pro Quartal erfassen

Die Zuordnung der erwirtschafteten Umsätze zu den Quartalen sollte (insbesondere bei Dienstleistern und Auftragsfertigern) nicht nach Rechnungsdatum erfolgen, wie es in der Finanzbuchhaltung geschieht. Es ist notwendig, den gesamten Umsatz eines Auftrags in dem Quartal zu erfassen, in dem der Auftrag fertiggestellt wurde (bzw. für das der Auftrag geplant wurde). Nur so können den Um-

sätzen anschließend die richtigen Kosten zugeordnet werden. Das sind die Kosten, die durch diese Umsätze entstanden sind. Andernfalls wäre die Quartalsrechnung ohne Nutzen, weil aus den ermittelten Quartalserfolgen keinerlei Rückschlüsse auf die Wirtschaftlichkeit Ihres Unternehmens in diesen Quartalen möglich wären (vgl. die Bemerkungen zu den Bestandsveränderungen in Kapitel B2.3).
Die richtige Zuordnung zu Quartalen lässt sich im Betrieb einfach organisieren, wenn jede Ausgangsrechnung mit einer Auftragsnummer versehen ist und jeder Auftrag eindeutig einem Quartal zugeordnet ist.

2. Variable Kosten erfassen

Die variablen Kosten entstehen überwiegend durch Lieferungen und Leistungen von Lieferanten, für die das Unternehmen Rechnungen erhält. Diese werden in der Finanzbuchhaltung nach Rechnungsdatum gebucht, müssen aber – genau wie die Ausgangsrechnungen (Umsätze) – auch den „richtigen" Quartalen zugeordnet werden. Das richtige Quartal ist immer das, in das der Auftrag einsortiert wurde, durch den die Kosten entstanden sind. Häufig entspricht das Rechnungsdatum nicht dem richtigen Datum, weil Teilleistungen für einen Auftrag bereits vor Abschluss des Auftrags erbracht werden. Werden diese Teilleistungen auch abgerechnet, kann man den Auftrag natürlich auch aufteilen.
Die richtige Zuordnung lässt sich auch hier einfach bewerkstelligen, indem jede Eingangsrechnung eine Kennnummer für den jeweiligen Auftrag erhält, zu dem sie gehört. Es kann sein, dass auf einer Eingangsrechnung Leistungen zu mehreren Aufträgen abgerechnet werden. Dann müssen diese Eingangsrechnungen auf mehrere Aufträge aufgeteilt werden.

3. Personalkosten erfassen

Die Personalkosten müssen über Stundenaufschreibungen den Aufträgen und damit den Quartalen zugeordnet werden. Dazu verwenden Sie wieder den Stundenkostensatz, den Sie ursprünglich durch die Verteilung der gesamten Personalkosten auf die gesamte Stundenzahl ermittelt haben (45 Euro/Std.).

4. Fixe Kosten erfassen

Genauso, wie die fixen Kosten auf Jahresebene geplant und anschließend gleichmäßig auf die Quartale verteilt wurden, gehen Sie jetzt auch bei den Istzahlen vor. Andernfalls haben Sie z. B. im Juli, in dem das Urlaubsgeld gezahlt wird, **scheinbar** höhere Kosten als geplant. Die Istkosten **inkl. Urlaubsgeld** würden nämlich den Plankosten mit einem **durchschnittlichen Anteil am Urlaubsgeld** gegenübergestellt. Sie setzen daher als Istzahl auch einen Durchschnittswert ein, der sich aus dem Quartalsanteil der Gesamtjahreskosten nach aktueller Kenntnis ergibt. Die richtigen Abweichungen erkennen Sie trotzdem auch weiterhin. Wenn in der Zwischenzeit z. B. eine ungeplante Gehaltssteigerung stattgefunden hat, wird sich diese auch anteilsmäßig auf die Istzahlen auswirken und Sie erkennen darin eine Abweichung zu Ihren Planzahlen.

Beispiel: Plan-Ist-Vergleich Quartalsplanung Mediaagentur

Für die Quartalsplanung und den Plan-Ist-Vergleich wurde das erste Planquartal beispielhaft für alle Quartale herausgegriffen. Die Istzahlen wurden fiktiv ergänzt. Die tatsächlichen Personalkosten der eigenen Dienstleister wurden ermittelt aus 30.000 Stunden, die für Aufträge aus diesem Quartal geleistet wurden, multipliziert mit dem Stundenkostensatz von 45 Euro/Stunde.

Plan-Ist Quartal

Plan-Ist-Vergleich Quartalsplanung Mediaagentur				
	Plan 1. Quartal Euro	Ist 1. Quartal Euro	Abweichung Euro	Abw. in %
Umsatz	**4.000**	**4.400**	**400**	**10,0**
Sprecherhonorare	396	420	24	6,1
Fremdleistungen	792	870	78	9,8
Zeitarbeitskräfte	800	900	100	12,5
variable Kosten	**1.988**	**2.190**	**202**	**10,2**
Deckungsbeitrag 1	**2.012**	**2.210**	**198**	**9,8**
Personalkosten eigener DL	1.069,2	1.350	280,8	22,6
Deckungsbeitrag 2	**942,8**	**860**	**-82,8**	**-8,8**
Personalkosten Verwaltung	112,5	125	12,5	11,1
Mietkosten	12,5	12,5	0,0	0,0
Kfz-Kosten	7,5	7,5	0,0	0,0
Reisekosten	12,5	12,5	0,0	0,0
Werbekosten	125	150	25,0	20,0
Abschreibungen	7	7	0,0	0,0
Reparatur-/Instandhaltungskosten	0,5	0,5	0,0	0,0
sonstige betriebliche Kosten	12,5	12,5	0,0	0,0
Zinskosten	2,5	2,5	0,0	0,0
Steuern	20	20	0,0	0,0
fixe Kosten	**312,5**	**350**	**37,5**	**12,0**
Gesamtunternehmenserfolg	**630,3**	**510**	**-120,3**	**-19,1**

Sie sehen, dass alle Ihre variablen Kosten, die Kosten eigener Dienstleister sowie die Personalkosten Verwaltung und die Werbekosten höher sind als geplant. Daraus dürfen Sie aber nicht ohne weiteres schließen, dass Sie schlecht gewirtschaftet haben. Bei steigenden Umsätzen **müssen** Sie damit rechnen, dass die Kosten steigen, weil die variablen Kosten und die variabilisierten Personalkosten vom Umsatz abhängen. Im ersten Quartal ist der Umsatz gegenüber dem Planwert um 10 % gestiegen.

Ein reiner Plan-Ist-Vergleich kann zu Fehlinterpretationen führen, weil man bei steigendem Umsatz steigende Kosten feststellt und nicht erkennen kann, ob diese nur erwartungsgemäß entsprechend der Umsatzsteigerung gestiegen sind oder darüber hinaus. Sie brauchen eine zusätzliche Information darüber, wie weit die Kosten bei steigendem Umsatz steigen durften und ob Ihre Kosten diese Grenze eingehalten haben.
Dazu müssen Sie den so genannten „Soll-Ist-Vergleich" durchführen, den Sie in Kapitel G5.2 finden. Diese Art der Abweichungsanalyse ist immer dann angeraten, wenn sich – wie hier – die Planungsgrundlagen (insbesondere der Umsatz) verändert haben.

5.2 Der Soll-Ist-Vergleich

Damit Sie auf einen Blick sehen können, wie weit Ihre Kosten hätten steigen dürfen, wenn der Umsatz gegenüber dem geplanten Wert gestiegen ist, stellen Sie parallel zum Plan-Ist-Vergleich den Soll-Ist-Vergleich auf. Dazu rechnen Sie die Planwerte auf die veränderte Planungsgrundlage, d. h. den veränderten Umsatz, um. Checkpoint 5
Die Errechnung der Sollwerte wird wieder in vier Schritten durchgeführt (1. Umsatz, 2. variable Kosten, 3. Personalkosten, 4. fixe Kosten):

1. Der Sollwert für den Umsatz wird mit dem tatsächlichen Wert (Istumsatz) gleichgesetzt. Auf dieser veränderten Planungsgrundlage muss neu gerechnet werden.
2. Die geplanten variablen Kosten werden proportional zum Umsatz umgerechnet: Wenn der Umsatz um 10 % gestiegen ist, liegen auch die variablen Sollkosten 10 % über den variablen Plankosten.
3. Die geplanten Personalkosten werden wie die variablen Kosten ebenfalls um 10% erhöht.
4. Die fixen Kosten werden gegenüber den Planwerten nicht verändert, weil sich fixe Kosten durch Umsatzänderungen nicht verändern dürfen.

Beispiel: Soll-Ist-Vergleich Quartalsplanung Mediaagentur

Für das Beispiel werden die Plandaten und Istdaten aus dem Plan-Ist-Vergleich übernommen. Die Sollwerte werden in vier Schritten ermittelt. Die Soll-Ist-Abweichungen werden errechnet, indem die Sollwerte von den Istwerten abgezogen werden
(Ist - Soll = Soll-Ist-Abweichung).

1. Der Sollumsatz entspricht dem Istumsatz. Er ist gegenüber dem Planwert um 10 % gestiegen.
2. Die variablen Sollkosten liegen um 10 % über den variablen Plankosten. Damit beträgt der Sollwert für die Sprecherhonorare bei 396.000 Euro geplanten Kosten 435.600 Euro (396.000 x 1,1). Die Fremdleistungen steigen von 792.000 auf 871.200 Euro (792.000 x 1,1) und die Kosten für Zeitarbeitskräfte von 800.000 Euro auf 880.000 Euro (800.000 x 1,1).
3. Die Personal-Sollkosten liegen um 10% über den geplanten Personalkosten. Für das erste Quartal waren 1.069.200 Euro an Personalkosten geplant. Die Sollkosten betragen demnach 1.176.120 Euro (1.069.200 x 1,1 = 1.176.120).
4. Die fixen Sollkosten entsprechen den fixen Plankosten. Alle fixen Kostenpositionen werden einfach aus dem Plan übernommen.

Soll-Ist Quartal

Soll-Ist-Vergleich Quartalsplanung Mediaagentur					
	Plan 1. Quartal	Soll 1. Quartal	Ist 1. Quartal	Abweichung	Abw. in
	Werte in 1.000 Euro				%
Umsatz	**4.000**	**4.400**	**4.400**	**0,00**	**0,0**
Sprecherhonorare	396	435,6	420	-15,6	-3,6
Fremdleistungen	792	871,2	870	-1,2	-0,1
Zeitarbeitskräfte	800	880	900	20	2,3
Deckungsbeitrag 1	**2.012**	**2.213,2**	**2.210**	**-3,2**	**-0,1**
Personalkosten eigener DL	1.069,2	1.176,12	1.350	173,88	14,8
Deckungsbeitrag 2	**942,8**	**1.037,08**	**860**	**-177,08**	**-17,1**
Personalkosten Verwaltung	112,5	112,5	125	12,5	11,1
Mietkosten	12,5	12,5	12,5	0	0,0
Kfz-Kosten	7,5	7,5	7,5	0	0,0
Reisekosten	12,5	12,5	12,5	0	0,0
Werbekosten	125	125	150	25	20,0
Abschreibungen	7	7	7	0	0,0
Reparatur-/Instandhaltungskosten	0,5	0,5	0,5	0	0,0
sonstige betriebliche Kosten	12,5	12,5	12,5	0	0,0
Zinskosten	2,5	2,5	2,5	0	0,0
Steuern	20	20	20	0	0,0
Gesamtunternehmenserfolg	**630,3**	**724,58**	**510**	**-214,58**	**-29,6**

Aus der Gegenüberstellung von Soll- und Istwerten ergeben sich die folgenden Schlussfolgerungen:

1. Beim Umsatz kann es keine Abweichung zwischen Ist- und Sollwerten geben, weil der Istwert als veränderte Planungsgrundlage übernommen wurde.
2. Beim Plan-Ist-Vergleich wiesen alle drei variablen Positionen eine Steigerung auf. Hier, beim Soll-Ist-Vergleich, erkennen Sie aber, dass

- die Sprecherhonorare gegenüber dem Soll **gesunken** sind,
- die Fremdleistungen fast **keine Abweichung** gegenüber dem Soll aufweisen
- und die Kostenposition Zeitarbeitskräfte gegenüber dem Soll **gestiegen** ist.

Eine Verringerung der Kosten gegenüber dem Sollwert (bei den Sprecherhonoraren) bedeutet, dass die variablen Kosten weniger gestiegen sind, als sie entsprechend dem steigenden Umsatz hätten steigen dürfen (also weniger als 10 %). Fast keine Abweichung bei den Fremdleistungen bedeutet: Die Kosten sind ungefähr so weit gestiegen, wie es nach Steigerung des Umsatzes zu erwarten war. Die Steigerung gegenüber dem Soll bei den Zeitarbeitskräften bedeutet, dass die Kosten weiter angestiegen sind als nach der Steigerung des Umsatzes zu erwarten war (mehr als 10 %).

Als Erstes sollten Sie sich um den dritten Fall kümmern, die anderen beiden sind vermutlich unproblematisch. Eine Erklärungsmöglichkeit für die mehr als 10%ige Steigerung der Kosten für Zeitarbeitskräfte könnte darin bestehen, dass Sie nicht mehr genügend eigene Personalkapazitäten zur Verfügung hatten, um den gestiegenen Umsatz abzuwickeln. Daher mussten Sie überproportional mehr Zeitarbeitskräfte einsetzen. Es könnte auch sein, dass Ihre Planung nicht exakt genug war, weil Sie einen durchschnittlichen Prozentsatz für die Zeitarbeitskräfte angesetzt haben, obwohl das 1. Quartal Ihre Kapazitäten überdurchschnittlich belastet.

Der Soll-Ist-Vergleich für die Personalkosten eigener Dienstleister fällt günstiger aus als der Plan-Ist-Vergleich, da der variable Teil der Kosten mit dem Umsatz steigen darf. Dennoch ergibt sich hier insgesamt eine Steigerung der Kosten gegenüber dem Soll. Deshalb ist auch diese Position näher zu untersuchen.

Die Analyse für die fixen Kosten kommt beim Plan-Ist-Vergleich und beim Soll-Ist-Vergleich zum gleichen Ergebnis, weil Plan- und Sollwerte identisch sind. Überall, wo die Kosten höher liegen als geplant, muss hinterfragt werden, wie diese Erhöhung zu Stande gekommen ist: Handelt es sich z. B. um Planungsfehler, ist der Planungsverantwortliche heranzuziehen. Beruhen die Abweichungen auf später getroffenen Entscheidungen, die während der Planung nicht vorherzusehen waren (z. B. Neueinstellung von Personal), ist der Entscheider für diese Abweichung verantwortlich.

Alle getroffenen Schlussfolgerungen kehren sich um, wenn sich der Umsatz gegenüber dem Plan verringert hat. In diesem Fall ist zu erwarten, dass alle variablen Kosten im gleichen Verhältnis wie der Umsatz sinken. Die fixen Kosten müssen dagegen – wie gehabt – gleich bleiben. Der Plan-Ist-Vergleich fällt in diesem Fall regelmäßig zu günstig aus, weil Sie gesunkene Kosten feststellen, ohne zu sehen, wie weit die Kosten wegen des geringeren Umsatzes sinken **mussten**. Beim Soll-Ist-Vergleich erkennen Sie die wirklich problematischen Fälle, nämlich die variablen Kostenpositionen, die bei sinkendem Umsatz weniger als proportional sinken.

Obwohl der **Plan-Ist-Vergleich** alleine nicht genügend Anhaltspunkte für Gegenmaßnahmen liefert, ist er dennoch als Bestandteil Ihres Berichtswesens zu empfehlen. Nur so behalten Sie jederzeit vor Augen, welchen Umsatz, welche Kosten und vor allem welchen Erfolg Sie ursprünglich einmal vorgesehen hatten.

Der **Soll-Ist-Vergleich** gibt Ihnen folglich die notwendigen Zusatzinformationen, um die problematischen Kostenpositionen zu identifizieren und Gegenmaßnahmen an der richtigen Stelle einzuleiten. Der Plan-Ist-Vergleich hilft Ihnen, langfristig Ihre Ziele im Auge zu behalten.

Auch auf Produkt- und Profit-Center-Ebene sowie für Cost und Service Center können Plan-Ist- bzw. Soll-Ist-Vergleiche durchgeführt werden. Es gelten die gleichen Bedingungen wie bei der hier geschilderten Abweichungsanalyse. Planung und Abweichungsanalysen für Produkte und Profit Center sollten ebenfalls im Schema der mehrstufigen Deckungsbeitragsrechnung erfolgen. Näheres dazu finden Sie in Kapitel G8.

5.3 Der Zeitvergleich (Vorjahresvergleich) und der Betriebsvergleich (Benchmarking)

Zusätzlich zu Plan-Ist- und Soll-Ist-Vergleich ist es hilfreich, Ihre Daten mit dem Vorjahr zu vergleichen, wenn Sie eine kontinuierliche Entwicklung verfolgen. Die Gefahr bei diesem Zeitvergleich ist, dass Sie sich schon mit einer Verbesserung zufrieden geben, ohne Ihre langfristigen, vielleicht anspruchsvolleren Ziele im Auge zu behalten. Eine Verbesserung könnte ja auch bedeuten, dass Sie Ihren Checkpoint 6

Verlust verringert haben. Sie sagt aber noch nichts darüber aus, ob Sie gut im Vergleich zu Ihren Wettbewerbern sind. Dennoch ist es unerlässlich, die Entwicklung Ihres Unternehmens kontinuierlich zu verfolgen, z. B. auch um Hinweise zu erhalten, an welchen Stellen immer wieder die gleichen Fehler passieren.
Die Vorgehensweise für den Zeitvergleich ist einfach: Sie stellen jedem Jahreswert den Vorjahreswert gegenüber bzw. jedem Quartalswert den Wert des gleichen Quartals im Vorjahr (s. folgenden Ausschnitt aus einem Beispielformular).

Zeitvergleich Quartalsplanung Mediaagentur				
	1. Quartal Vorjahr	**1. Quartal laufendes Jahr**	**Abw.**	**Abw. in %**
Umsatz				
Sprecherhonorare				
Fremdleistungen				
...				
...				

Wenn Sie nicht nur überprüfen wollen, ob Sie sich gegenüber dem Vorjahr verbessert haben, sondern auch, wie Sie am Markt gegenüber Ihren Konkurrenten positioniert sind, ist der Betriebsvergleich die geeignete Methode. Sie vergleichen die Ergebnisse Ihres Unternehmens mit dem Ihrer Konkurrenten. Vielleicht vergleichen Sie sich auch nur mit dem Besten Ihrer Branche, dem sog. „Best in class", der die „Benchmark" – die Messlatte – für Ihre Branche setzt.
Beim Benchmarking gibt es zwei Dinge zu beachten: Erstens dürfte es grundsätzlich schwierig sein, an die Daten Ihrer Konkurrenten heranzukommen. Vielleicht können Sie aber doch den einen oder anderen davon überzeugen, ein gemeinsames Benchmarking-Projekt durchzuführen. Von diesem Projekt können alle profitieren, wenn Ihr Unternehmen in einigen Bereichen besser ist als Ihr Konkurrent und dieser in anderen Bereichen besser ist als Sie. Diese Idee funktioniert vor allem bei regional klar abgegrenzten Märkten und wenn jeder davon überzeugt ist, dass er von diesem Projekt am meisten profitiert. In einigen Branchen gibt es bereits regelmäßige

Betriebsvergleiche, die von Unternehmerverbänden oder in so genannten „Erfa-Kreisen" (Erfahrungsgruppen von Unternehmen der gleichen Branche) durchgeführt werden und an denen jeder Interessierte teilnehmen kann.
Es gilt zusätzlich zu bedenken, dass Sie durch Benchmarking **innerhalb** Ihrer Branche höchstens so gut werden können, wie der Konkurrent, mit dem Sie sich vergleichen. Sie werden ihn nur schwer übertreffen können, da Sie von ihm nur das lernen, was er bereits umgesetzt hat. Es gibt aber auch die Möglichkeit, Benchmarking über Branchengrenzen hinaus zu betreiben und Unternehmen zu untersuchen, die in einem Teilbereich ähnlich strukturiert sind wie Sie und in diesem Bereich besser sind als Sie. Dann ist auch ein „Quantensprung" über den „Best in class" Ihrer eigenen Branche hinaus möglich. Ein branchenfremdes Unternehmen wird Ihnen außerdem bereitwilliger interne Daten zur Verfügung stellen als ein direkter Konkurrent.

6 Wie wird das laufende Jahr am Ende aussehen?

Die Hochrechnung ist genauso wichtig wie die Abweichungsanalyse. Checkpoint 7
Mit der Abweichungsanalyse machen Sie sich bewusst, was in der jüngsten Vergangenheit gut oder schlecht gelaufen ist und ziehen Ihre Schlussfolgerungen für die Zukunft. Ohne eine Hochrechnung fehlt Ihnen aber der Überblick über das gesamte Geschäftsjahr. Deshalb ist es angebracht, in den gleichen Abständen wie die Abweichungsanalysen einen „Forecast" durchzuführen.
Eine Hochrechnung setzt sich zusammen aus den Istzahlen der bereits abgelaufenen Monate oder Quartale, ergänzt durch die erwarteten Zahlen für die noch kommenden Monate oder Quartale desselben Geschäftsjahres. Welches sind die erwarteten Zahlen? Im Prinzip sind es durch neue Erkenntnisse korrigierte Planzahlen.
Stellen Sie sich vor, es ist Anfang Juli und Sie wissen inzwischen, dass der Umsatz des zweiten Halbjahres deutlich niedriger ausfallen wird, als Sie es ursprünglich im November des letzten Jahres für diesen Zeitraum geplant hatten. Sie verhalten sich klug, wenn Sie dieses

neue Wissen verwenden und nicht einfach mit den alten Planzahlen weiterrechnen.

Sie überprüfen Ihre Planzahlen vor der Hochrechnung noch einmal und passen sie für die Hochrechnung an Ihre neuen Erkenntnisse an. Das heißt nicht, dass Sie Ihre Planzahlen nachträglich manipulieren sollen. Die Planzahlen bleiben als Planzahlen erhalten und werden weiterhin für den Plan-Ist-Vergleich und als Basis für den Soll-Ist-Vergleich verwendet. Für die Hochrechnung sind sie eine Grundlage, auf deren Basis die erwarteten Werte für den Rest des Jahres festgelegt werden, wie Sie im folgenden Beispiel sehen können.

Beispiel: Hochrechnung für die Mediaagentur

Sie wollen eine Hochrechnung für das gesamte Jahr erstellen, nachdem Sie das erste Quartal hinter sich haben. Dazu gehen Sie in drei Schritten vor:

1. Sie ermitteln die Planwerte für das zweite bis vierte Quartal. Diese lassen sich leicht errechnen, indem Sie die Planwerte für das erste Quartal vom Gesamtjahresplan abziehen.
2. Auf dieser Grundlage ermitteln Sie die erwarteten Werte für das zweite bis vierte Quartal, indem Sie die Plandaten um die Ihnen inzwischen bekannten Veränderungen korrigieren.
3. Anschließend zählen Sie die Istwerte des ersten Quartals und die erwarteten Werte für das zweite bis vierte Quartal zur Hochrechnung für das Gesamtjahr zusammen.

Zur besseren Übersichtlichkeit werden im Beispiel nur zwei Veränderungen gegenüber dem ursprünglichen Plan für das zweite bis vierte Quartal angenommen: Es ist inzwischen bekannt, dass der Umsatz des zweiten bis vierten Quartals nicht – wie geplant – 6 Mio. Euro betragen wird, sondern nur 5,4 Mio. Euro (10 % weniger). Außerdem ist bekannt, dass im Juli unplanmäßig eine neue Mitarbeiterin im Verwaltungsbereich eingestellt werden soll, sodass sich die Personalkosten in diesem Bereich für das dritte und vierte Quartal zusammen um 25.000 Euro gegenüber dem Plan erhöhen werden.

Entsprechend dem um 10 % verminderten Umsatz werden in der Spalte „Erwartung 2.–4. Quartal" auch alle variablen Kostenpositionen gegenüber dem Plan um 10 % vermindert. Für die Sprecherhonorare wird z. B. der Planwert von 594.000 Euro auf 534.600 Euro reduziert (594.000 x 0,9). Weicht der Anteil der variablen Kosten am Umsatz in den ersten drei Monaten von dem geplanten Anteil ab, sollte – falls es sich hier um eine dauerhafte Entwicklung handelt – dieser neue Prozentsatz verwendet werden. Nehmen wir an, das sei für die Sprecherhonorare der Fall. Der tatsächliche Anteil der Sprecherhonorare am Umsatz beträgt in den ersten drei Monaten 9,5 % und nicht wie in der Planung 9,9 %. Dann werden Sie den erwarteten Wert für die Sprecherhonorare – bezogen auf die 5,4 Mio. Euro Umsatz anstatt auf 534,6 Td Euro (9,9 % von 5,4 Mio.) auf 513 Td Euro (9,5 % von 5,4 Mio. Euro) festsetzen.

Hochrechnung

Ermittlung der erwarteten Restjahreswerte Mediaagentur				
	Plan 1. Quartal in 1.000 Euro	**Jahresplan in 1.000 Euro**	**Plan 2.–4. Quartal in 1.000 Euro**	**Erwartung 2.–4. Quartal in 1.000 Euro**
Umsatz	**4.000**	**10.000**	**6.000**	**5.400**
Sprecherhonorare	396	990	594	513
Fremdleistungen	792	1.980	1.188	1.069,2
Zeitarbeitskräfte	800	2.000	1.200	1.080
Deckungsbeitrag 1	**2.012**	**5.030**	**3.018**	**2.737,8**
Personalkosten eigener DL	1.069,2	2.673	1.603,8	1.603,8
Deckungsbeitrag 2	**942,8**	**2.357**	**1.414,2**	**1.112,4**
Personalkosten Verwaltung	112,5	450	337,5	362,5
Mietkosten	12,5	50	37,5	37,5
Kfz-Kosten	7,5	30	22,5	22,5
Reisekosten	12,5	50	37,5	37,5
Werbekosten	125	500	375	375
Abschreibungen	7	28	21	21
Reparatur-/Instandhaltungskosten	0,5	2	1,5	1,5
sonstige betriebliche Kosten	12,5	50	37,5	37,5
Zinskosten	2,5	10	7,5	7,5
Steuern	20	80	60	60
Gesamtunternehmenserfolg	**630,3**	**1.107**	**476,7**	**149,9**

Anschließend zählen Sie die Istdaten für das erste Quartal (aus dem Plan-Ist-Vergleich der Quartalsplanung, Kapitel G5.1) mit den erwarteten Daten für das zweite bis vierte Quartal zusammen und kommen so zu der folgenden Hochrechnung.

Jahreshochrechnung Mediaagentur			
	Ist 1. Quartal	**Erwartung 2.–4. Quartal**	**Hochrechnung Gesamtjahr**
	in 1.000 Euro	**in 1.000 Euro**	**in 1.000 Euro**
Umsatz	**4.400**	**5.400**	**9.800**
Sprecherhonorare	420	513	954,6
Fremdleistungen	870	1.069,2	1.939,2
Zeitarbeitskräfte	900	1.080	1.980
variable Kosten	2.190	2.683,8	4.873,8
Deckungsbeitrag 1	**2.210**	**2.737,8**	**4.926,2**
Personalkosten eigener DL	1.350	1.603,8	2.953,8
Deckungsbeitrag 2	**860**	**1.112,4**	**1.972,4**
Personalkosten Verwaltung	125	362,5	487,5
Mietkosten	12,5	37,5	50
Kfz-Kosten	7,5	22,5	30
Reisekosten	12,5	37,5	50
Werbekosten	150	375	525
Abschreibungen	7	21	28
Reparatur-/Instandhaltungskosten	0,5	1,5	2
sonstige betriebliche Kosten	12,5	37,5	50
Zinskosten	2,5	7,5	10
Steuern	20	60	80
fixe Kosten	**350**	**962,5**	**1.312,5**
Gesamtunternehmenserfolg	**510**	**149,9**	**659,9**

Sie sehen, dass der Zeitraum vom zweiten bis vierten Quartal ein schlechteres Ergebnis erwirtschaften wird, als geplant, wenn der Umsatz tatsächlich um 10 % niedriger liegen sollte als geplant. Hätten Sie einfach nur die Planwerte für den restlichen Teil des Jahres eingesetzt, hätten Sie diese Warnung nicht bekommen, da das Planergebnis für das zweite bis vierte Quartal deutlich höher lag (476.700 Euro).

Insgesamt können Sie nur noch mit einem Erfolg von 659.900 Euro rechnen, anstatt der ursprünglich einmal geplanten 1.107.000 Euro. Daran sehen Sie, dass die ursprünglichen Planwerte als Vergleichsmaßstab nach wie vor eine wichtige Rolle spielen und daher **als Planwerte** nicht verändert werden sollten.

Einige Unternehmen (darunter auch große) rechnen ihre Monatsergebnisse einfach linear hoch. Das heißt, Sie multiplizieren z. B. das Ergebnis des ersten Quartals mit dem Faktor 4 und erhalten so einen Forecast für das gesamte Geschäftsjahr. Diese Vorgehensweise bietet sich (nur) dann an, wenn Sie einen sehr gleichmäßigen Umsatzverlauf über das Jahr haben und nur wenige saisonale Schwankungen und wenn Sie die Entwicklung des ersten Quartals als repräsentativ für den Rest des Geschäftsjahres ansehen.
Eine aktuelle Entwicklung im Controlling im Bereich der Hochrechnungen stellt der so genannte Rolling Forecast dar.

7 Rolling Forecast

Der Rolling Forecast (Rollierende Hochrechnung) berücksichtigt im Vergleich zum klassischen Forecast regelmäßig größere Prognose-Zeiträume und hilft so, vorausschauender zu handeln. Checkpoint 7
Beim traditionellen Forecast wird regelmäßig nur bis zum Ende des laufenden Geschäftsjahres hochgerechnet, wie im vorigen Kapitel gezeigt. Im April werden für die Hochrechnung die abgelaufenen Monate Januar bis März mit den erwarteten Werten der noch verbleibenden neun Monate ergänzt. Im November enthält die Hochrechnung dann schon nur noch zwei Monate für die Vorausschau (November und Dezember), obwohl zu diesem Zeitpunkt sicher schon genauere Informationen über den zu erwartenden Verlauf des Folgejahres vorliegen.
Bei der rollierenden Hochrechnung wird im Gegensatz dazu immer eine Schätzung für eine gleich bleibende Zahl von Monaten abgegeben. Wenn z. B. jeden Monat eine Hochrechnung für die nächsten

12 Monate abgegeben wird, erfolgt im April eine Hochrechnung für den Zeitraum von April dieses Jahres bis März des nächsten Jahres – und nicht wie sonst nur von April bis Dezember. Im November bildet der Rolling Forecast die 12 Monate von November dieses Jahres bis Oktober des nächsten Jahres ab. Und so weiter.
Diese Vorgehensweise wirkt sich auch rückwirkend auf den Planungszyklus aus, da zu jedem Zeitpunkt eine detaillierte Planung für die nächsten 12 Monate vorliegen muss. Während also sonst erst im Oktober oder November die detaillierte Planung für das nächste Geschäftsjahr erstellt wird, muss für die rollierende Hochrechnung bereits bei der ersten Hochrechnung – sagen wir im April – eine Planung zumindest bis zum März des nächsten Jahres vorliegen.
Quartalsergebnisse und Geschäftsjahresergebnisse müssen weiterhin in gewohnter Form erfasst werden, da die meisten Budgetvorgaben auf dieser Grundlage getroffen werden sowie das Erreichen von Kosten- und Ergebniszielen auf dieser Basis beurteilt wird.

8 Abweichungsanalysen für Cost/Service/Profit Center, Produkte/Dienstleistungen

Checkpoint 8

Die wichtigsten Bestandteile der Planung mit Abweichungsanalysen und der Hochrechnung haben Sie erfüllt! Wenn Sie den Aufwand nicht scheuen, können Sie zusätzlich spezielle Plan-Ist- bzw. Soll-Ist-Vergleiche für Ihre Produkte und Dienstleistungen sowie für Ihre Cost Center und Profit Center erstellen. Damit finden Sie heraus, welche Ihrer Produkte oder Dienstleistungen und Cost Center bzw. Profit Center sich plangemäß entwickeln und welche nicht. Außerdem erhalten Sie Hinweise für die Ursachenforschung, wenn sich Abweichungen gegenüber Ihrer Planung ergeben. Diese Abweichungsanalysen sind allerdings aufwändig und daher nur ein- bis zweimal im Jahr anzuraten.
Wenn Sie die Jahresplanung so hergeleitet haben, wie es am Anfang des Kapitels G gezeigt wurde, nämlich über die Produkte und Dienstleistungen, haben Sie schon die in der folgenden Tabelle dargestellte mehrstufige Plan-Deckungsbeitragsrechnung vorliegen. Diese Tabelle ist lediglich eine verkürzte Darstellung, es werden nur die Summenpositionen ausgewiesen. Wenn Sie die Umsätze in der

Jahresplanung nur grob geschätzt haben, d. h. nicht nach Produkten bzw. Dienstleistungen untergliedert, müssen Sie die detaillierte Planung für einen Produkt-Plan-Ist-Vergleich erst noch erstellen (vgl. Jahresumsatz- und -kostenplanung Mediaagentur, Kapitel G2 und G3).

Plan-DBR

Plan-Deckungsbeitragsrechnung Mediaagentur				
	Radio Euro	Internet Euro	Supermarkt Euro	Gesamt Euro
Umsatz	**1.650.000**	**350.000**	**8.000.000**	**10.000.000**
Variable Kosten	820.050	173.950	3.976.000	4.970.000
Deckungsbeitrag 1	**829.950**	**176.050**	**4.024.000**	**5.030.000**
fixe Einzelkosten	594.000	135.000	1.944.000	2.673.000
Deckungsbeitrag 2	**235.950**	**41.050**	**2.080.000**	**2.357.000**
fixe Unternehmens-kosten				1.250.000
Gesamtunter-nehmenserfolg				**1.107.000**

Für den Plan-Ist-Vergleich stellen Sie für jedes Produkt und jede Dienstleistung einzeln die jeweiligen Planwerte den Istwerten gegenüber. Die Abweichungsanalyse auf Produktebene wird dabei nur bis zum Deckungsbeitrag 2 durchgeführt. Fixe Kosten, die sich nicht einzelnen Produkten oder Dienstleistungen zurechnen lassen, können auf dieser Ebene nicht kontrolliert werden.
Es ist notwendig, neben dem Plan-Ist-Vergleich einen Soll-Ist-Vergleich durchzuführen, bei dem die Kosten auf der Grundlage eines gegenüber dem Plan veränderten Umsatzes neu geprüft werden.
Für Cost Center und Service Center ist ebenfalls eine spezielle Abweichungsanalyse möglich, wenn Sie eine Wirtschaftlichkeitskontrolle durchführen wollen. Die Planung für ein Cost Center oder Service Center besteht in einem Kostenbudget, das Sie mit dem Center-Leiter vereinbaren. Mit Ihren Profit-Center-Leitern vereinbaren Sie dagegen einen bestimmten Deckungsbeitrag (vgl. auch Kapitel F5: mehrstufige Deckungsbeitragsrechnung).
Das Schema für einen Kostenstellen-Plan wurde bereits in Kapitel C3 vorgestellt. Es wird in dem folgenden Beispiel noch einmal aufgegriffen. Nach Ablauf eines Monats bzw. Quartals werden die Plan-

Ist-Vergleiche und Soll-Ist-Vergleiche durchgeführt. Da Cost Center und Service Center keine externen Umsätze erwirtschaften und so gut wie keine variablen Kosten haben, werden die Kosten auf der Grundlage einer geplanten Leistung der Kostenstelle ermittelt. Die Leistung der Kostenstelle Kalkulation aus dem Kapitel C3 könnte z. B. auf der Basis von Stundenleistungen der Mitarbeiter geplant werden.

Beispiel: Abweichungsanalyse Service Center

Für das Beispiel wurden die Daten der Kalkulationsabteilung aus Kapitel C3 übernommen (Tabelle „Beispiel Kostenstelle"). Für die Kalkulationsabteilung war für Januar eine Stundenleistung von 1.000 Stunden geplant. Tatsächlich hat die Abteilung im Januar 1.050 Stunden geleistet. Die Personal- und Sachkosten wurden, wie in der Tabelle zu sehen geplant und den (fiktiv eingesetzten) Istkosten gegenübergestellt. Dabei wurden Zeilen, die keine Kosten enthielten (Nullzeilen), weggelassen.

Plan-Ist CC

Plan-Ist-Vergleich Kalkulationsabteilung

Kostenarten	Plan Januar Euro	Ist Januar Euro	Abweichung Euro
geleistete Stundenzahl	1.000	1.050	50
Personalkosten	55.000	56.000	1.000
Mietkosten	2.000	2.000	0
Energiekosten	200	200	0
Kfz-Kosten	450	500	50
Reisekosten	720	800	80
Abschreibungen	2.000	2.000	0
Kosten für Büromaterial, Telefon, Porto etc.	4.300	4.400	100
sonstige betriebliche Kosten	3.700	3.800	100
Summe Sachkosten	**13.370**	**13.700**	**330**
Summe primäre Kosten	**68.370**	**69.700**	**1.330**

Die gesamten Istkosten des Service Centers liegen um 1.330 Euro über den Plankosten. Der Service-Center-Leiter hat sein Budget überschritten. Das ist zunächst einmal negativ zu bewerten. Allerdings muss hier – genauso wie bei der Gesamt-Unternehmensplanung – untersucht werden, wodurch die Erhöhung zu Stande gekommen ist. Da die Stundenleistung der Abteilung von 1.000 Stunden auf 1.050 Stunden, also um 5 % gestiegen ist, muss auch hier ein Soll-Ist-Vergleich erstellt werden.

Da Personalkosten von 55.000 Euro für 1.000 Stunden geplant waren, dürfte bei einer Leistung von 1.050 Stunden der variable Teil der Personalkosten auch um 5 % steigen. Wären z. B. von den 55.000 Euro Personalkosten 15.000 Euro variabel (Überstundenvergütungen), hätten die Personalkosten immerhin von 55.000 Euro auf 55.750 Euro steigen dürfen: 55.750 Euro = 40.000 (fix) + 15.000 x 1,05 (variabel).

Tatsächlich sind die Personalkosten aber stärker, nämlich auf 56.000 Euro gestiegen. Der Service-Center-Leiter hat schlecht gewirtschaftet, wenn auch nicht so schlecht, wie es nach dem Plan-Ist-Vergleich aussieht.

Die fixen Kosten hätten nicht steigen dürfen. An allen Stellen, an denen das der Fall ist, muss nachgeforscht werden, wie es zu den Erhöhungen gekommen ist und ob der Service-Center-Leiter dafür verantwortlich ist.

Im Gegensatz zum Service Center werden für ein Profit Center nicht nur Kosten geplant, sondern auch externe Umsätze. Dadurch braucht ein Profit Center nicht über Kostenbudgets gesteuert zu werden, sondern es werden Zielvereinbarungen über zu erwirtschaftende Erfolge bzw. Deckungsbeiträge getroffen.
Daher erfolgt die Planung und Abweichungsanalyse analog zu der in den Kapitel G 5.1 und 5.2 dargestellten Planung und Abweichungsanalyse der Media-Agentur.

9 Die Mehrjahresplanung

Die Mehrjahresplanung sollte immer gleichzeitig mit der Jahresplanung aufgestellt werden. Empfehlenswert ist es, die nächsten drei bis fünf Jahre zu erfassen. Die Mehrjahresplanung wird auf Jahresbasis erstellt (keine Unterteilung in Monate oder Quartale). Sie wird jedes Jahr rollierend um ein weiteres Jahr ergänzt. Das heißt, Sie warten nicht jeden Dreijahreszeitraum ab, bevor Sie eine neue Dreijahresplanung erstellen, sondern Sie planen in jedem Jahr neu für die nächsten drei Jahre. Nur das jeweils direkt folgende Jahr wird auf

Checkpoint 9

Monats- bzw. Quartalsebene geplant. Die Abweichungsanalyse erfolgt über diese Monats- bzw. Quartalsplanung.

10 Der Planungskalender

Mit der folgenden Tabelle erhalten Sie einen Vorschlag für einen Planungskalender auf Monats- oder Quartalsebene. Sollte Ihr Geschäftsjahr nicht mit dem Kalenderjahr übereinstimmen, müssen Sie die Termine entsprechend anpassen. Die Monats- und Quartalsangaben sind alternativ zu sehen, je nachdem, ob Sie sich für eine Planung auf Monats- oder auf Quartalsbasis entscheiden.

Planungs kalender

Planungskalender	
Maßnahme	**Termin**
Jahresplanung für Folgejahr auf Monats- oder Quartalsbasis	bis 30. November
Mehrjahresplanung für die nächsten drei bis fünf Jahre auf Jahresbasis	bis 30. November
Abweichungsanalyse Monatsplanung	bis 15. des Folgemonats
Abweichungsanalyse Quartalsplanung	bis 30. des ersten Monats im Folgequartal
Betriebsvergleich (Benchmarking)	einmal im Jahr
Hochrechnung auf Monatsebene	bis 15. des Folgemonats
Hochrechnung auf Quartalsebene	bis 30. des ersten Monats im Folgequartal

Siehe CD-ROM

Auf der CD-ROM steht Ihnen unter dem Namen „Checkliste Planung" zusätzlich eine Checkliste für den Planungskalender zur Verfügung, in die Sie Ihre individuellen Planungstermine eintragen und nachhalten können. Sie ist auf der Grundlage von Quartalsplanungen erstellt, ist aber analog einsetzbar, wenn Sie auf Monatsebene planen.

11 Aktuelle Entwicklungen in der Planung Beyond Budgeting

Checkpoint 10

Jeder Mann und (fast) jede Frau, die einen Führerschein besitzen, halten sich für gute Autofahrer. Was bedeutet es denn, ein guter Autofahrer zu sein? Das heißt unter anderem, dass man in der Lage ist, vorausschauend zu fahren. Wenn Sie mit Tempo 180 auf der

Autobahn fahren, reicht es nicht aus, nur die Verkehrsregeln einzuhalten, indem Sie den links von Ihnen etwas langsamer fahrenden Mercedes nicht rechts überholen. Sie müssen auch schon erkennen, dass 500 Meter vor Ihnen eine Auffahrt auf Ihre Spur führt, die besonders kurz ist, weil dort gerade gebaut wird.

Sie sollten also nicht nur auf Ihrer Spur bleiben, sondern sogar Ihre Geschwindigkeit massiv drosseln, um sich entweder hinter dem Mercedes einzuordnen oder den auf die Autobahn auffahrenden Wagen vor sich auf Ihre Spur zu lassen. Sie können sich auch nicht darauf verlassen, dass der auffahrende Wagen komplett abbremst, wenn er keine Lücke sieht, sondern Sie müssen voraussehen, dass er versuchen wird, seine Geschwindigkeit zu halten, um sich sofort in den fließenden Verkehr einzufädeln.

Beyond Budgeting

Was hat das mit Beyond Budgeting zu tun? Eine wesentliche Forderung des Beyond Budgeting besteht darin, Managementprozesse vorausschauend zu organisieren, damit jederzeit frühzeitig richtig gehandelt wird und nicht auf der Grundlage kurzsichtiger Einschätzungen.

Von 1998 an entwickelte der BBRT (Beyond Budgeting Round Table) das so genannte Beyond Budgeting („Jenseits der Budgetierung“) als neues Managementmodell für die Praxis, nachdem von dort der Ruf nach kürzeren Planungszyklen und weniger komplexen Methoden immer lauter wurde.

Das neue Managementmodell enthält daher die Forderung, die Planungstiefe deutlich zu verringern, Entscheidungsprozesse radikal zu dezentralisieren und jederzeit vorausschauend zu handeln. Wenn zukünftige Entwicklungen jederzeit rechtzeitig antizipiert werden, wird ein institutionalisierter Planungsprozess überflüssig.

Zur Erfüllung der Grundsätze des Beyond Budgeting werden einige schon bekannte und andere neuere Instrumente des Controllings empfohlen, so z. B. die Balanced Scorecard, das Benchmarking und der Rolling Forecast, der bereits in Kapitel G7 besprochen wurde.

Zusammenfassung:

Planungsrechnungen und Abweichungsanalysen sind wichtige Maßnahmen, um zu überprüfen, ob sich das Unternehmen zielgemäß entwickelt. Die Vergleichszeiträume müssen kurz genug gewählt werden (Quartal oder Monat), um rechtzeitig reagieren zu können. Der reine Plan-Ist-Vergleich ist als Abweichungsanalyse nicht ausreichend, wenn sich inzwischen die Planungsgrundlage (insbesondere der Umsatz) geändert hat.

Der Soll-Ist-Vergleich stellt daher den Istdaten die Daten gegenüber, die bei der vorliegenden Umsatzänderung zu erwarten gewesen wären. Da sich variable Kosten bei Umsatzänderungen normalerweise ebenfalls verändern, zeigt erst der Soll-Ist-Vergleich die wahren Problembereiche auf. Dennoch ist der Plan-Ist-Vergleich nicht überflüssig, sondern dient als Merkposten für die ursprüngliche Zielsetzung.

Weitere Anhaltspunkte für die Unternehmenssteuerung ergeben Abweichungsanalysen durch Zeitvergleiche (Vorjahresvergleich) und Betriebsvergleiche (Benchmarking). Neben der Jahresplanung auf Monats- oder Quartalsebene wird zusätzlich eine Mehrjahresplanung für die nächsten drei bis fünf Jahre empfohlen.

Checkliste G

Checkliste G: Planung/Budgetierung
1. Absatz- und Umsatzplanung auf der Grundlage von geplanten Absatzzahlen pro Produkt oder Dienstleistung und geplanten Verkaufspreisen
2. Kostenplanung, getrennt nach variablen Kosten (umsatzabhängig) und fixen Kosten (kapazitätsabhängig)
3. Jahresplanung auf Quartale oder Monate verteilen: variable Kosten nach Umsatz verteilen, fixe Kosten gleichmäßig pro Quartal/Monat (ggf. Personalkosten variabilisieren)
4. Plan-Ist-Vergleich
5. Soll-Ist-Vergleich: Sollumsatz = Istumsatz, variable Sollkosten = prozentuale Veränderung der Planwerte entsprechend der Umsatzänderung, fixe Sollkosten = fixe Plankosten

6.	Zeitvergleich (Vorjahr) und Betriebsvergleich (Benchmarking)
7.	Hochrechnung für das Gesamtjahr: bereits vorhandene Istwerte + erwartete Werte für den Rest des Jahres
8.	Rolling Forecast als vorausschauendes Managementinstrument
9.	Spezielle Abweichungsanalysen für Produkte, Dienstleistungen, Cost Center, Service Center und Profit Center
10.	Mehrjahresplanung für die nächsten drei bis fünf Jahre auf Jahresbasis
11.	Aktuelle Entwicklungen: Beyond Budgeting

H Liquidität

1 Warum Sie eine Liquiditätsplanung brauchen

Versetzen Sie sich einmal in folgende Lage: Sie haben Ihrer besten Freundin zur Überbrückung eines kurzfristigen finanziellen Engpasses einen nicht unerheblichen Geldbetrag geliehen. Sie haben mit ihr vereinbart, dass sie diesen Kredit bis spätestens Ende Juni zurückzahlt. Im März entdecken Sie durch Zufall Ihren Traumwagen bei einem Gebrauchtwagenhändler. Da der Händler seinen Laden schließen will, würde er Ihnen einen Sonderpreis für den Wagen machen, ein echtes Schnäppchen! Leider kann Ihnen Ihre Freundin das Geld jetzt noch nicht zurückzahlen. Wenn Sie nicht kurzfristig anderweitig etwas „locker machen“ können, werden Sie auf Ihr Traumauto vorläufig verzichten müssen. Und das, obwohl Sie das Geld eigentlich haben, wenn auch momentan nur in Form einer Forderung gegen Ihre Freundin.
Ähnlich kann es auch Ihrem Unternehmen ergehen. Unvorhergesehene und ungeplante Ausgaben sind normalerweise nur schwer finanzierbar. Richtig gefährlich kann es sogar werden, wenn Sie die Ein- und Auszahlungen des Unternehmens gar nicht erst planen. Um einen ständigen Überblick über die Zahlungsfähigkeit (Liquidität) Ihres Unternehmens zu haben, reichen die bisherigen Instrumente, wie z. B. die Erfolgsrechnung, nicht aus. Die Erfolgsrechnung zeigt Ihnen zwar, ob Ihr Unternehmen erfolgreich arbeitet. Sie zeigt Ihnen aber nicht, ob Sie den Erfolg auch „cash in der Kasse“ haben. Diese Information ist jedoch existenziell. Es nützt Ihnen nichts, wenn Sie laut Ihrer Erfolgsrechnung einen positiven Unternehmenserfolg ausweisen und trotzdem die Gehälter Ihrer Mitarbeiter nicht bezahlen können.

Damit Sie von dieser Situation nicht überrascht werden, ist es notwendig, neben der Erfolgsrechnung ein zusätzliches Rechenwerk aufzubauen, bei dem nicht der Erfolg im Vordergrund steht, sondern die Liquidität (Zahlungsfähigkeit). Sie prüfen, ob Sie von den Einzahlungen, die Sie erhalten, die notwendigen Auszahlungen finanzieren können. Reichen die Einzahlungen nicht **jederzeit** aus, um die Auszahlungen zu finanzieren, sind Sie zahlungsunfähig! Das darf nicht passieren. Das notwendige „Heilmittel" ist die Liquiditätsplanung.

Der Erfolg, den Sie in Ihrer Monats- oder Quartals-Erfolgsrechnung zeigen, ist nicht gleichzusetzen mit flüssigen Mitteln: Erst, wenn Ihre Kunden die Rechnungen bezahlt haben, führt der Umsatz auch zu Einzahlungen. Je nach Zahlungsziel und Zahlungsgewohnheiten Ihrer Kunden kann das Monate dauern. Bei den Kosten ist es umgekehrt: Die Auszahlungen müssen meist schon getätigt werden, **bevor** Sie die Kosten in der Erfolgsrechnung zeigen, weil Sie bereits im Vorfeld Waren und Leistungen eingekauft haben bzw. Ihre Mitarbeiter schon für die Aufträge gearbeitet haben.

Praktisch in jedem Unternehmen sind die Auszahlungen, die im Zusammenhang mit Aufträgen entstehen, vor den Einzahlungen zu leisten. Selbst wenn Sie – wie z. B. im Baubereich üblich – Teilzah-

lungen nach Baufortschritt erhalten, finanzieren Sie Teile Ihrer Aufträge grundsätzlich vor, wenn Sie nicht regelmäßig Anzahlungen von Ihren Kunden bekommen. Je größer der Zeitraum ist, über den sich die Abwicklung der Aufträge erstreckt, desto größer ist Ihr Finanzierungsbedarf, ganz zu schweigen von der Finanzierung eines wachsenden Unternehmens. Um langfristig die Existenz Ihres Unternehmens zu sichern, ist es notwendig, dass Sie beide Aspekte berücksichtigen: den Erfolg **und** die Liquidität.
Die Liquiditätsrechnung stellt Einzahlungen und Auszahlungen gegenüber und zeigt Ihnen zu jeder Zeit, ob die Einzahlungen in einem Zeitraum ausreichen, um die Auszahlungen dieses Zeitraums zu finanzieren. Ist das nicht der Fall, müssen Sie einen Kontokorrentkredit bei Ihrer Bank in Anspruch nehmen oder sogar einen langfristigen Kredit aufnehmen. Da es Ihnen nichts mehr nützt, wenn Sie im **Nachhinein** feststellen, dass Ihre Zahlungseingänge im letzten Monat nicht ausgereicht haben, um die Zahlungsverpflichtungen zu erfüllen, ist die Liquiditätsrechnung immer eine Planungsrechnung. Zusätzlich ist der regelmäßige Abgleich mit den tatsächlichen Finanzergebnissen notwendig, um Ihre Planungsgrundlagen von Zeit zu Zeit zu überprüfen und ggf. anzupassen.

2 Machen Sie es wie die Großen

In jedem größeren Unternehmen wird neben dem Betriebserfolg auch der Cashflow regelmäßig ermittelt. In vielen Konzernen gibt es sogar eine zentrale Finanzabteilung, die sich ausschließlich um die Liquidität des Unternehmens kümmert. So können finanzielle Mittel z. B. zwischen Tochtergesellschaften zur Verfügung gestellt werden, bevor Bankkredite in Anspruch genommen werden müssen.
Ganz einfach gesagt, ist der Cashflow die Differenz zwischen Einzahlungen und Auszahlungen innerhalb eines Zeitraums. Wenn man den Cashflow auch genau so ermitteln wollte, müsste man neben Gewinn- und Verlustrechnung und Erfolgsrechnung noch ein drittes Rechenwerk aufbauen, die Liquiditätsrechnung. Hier würden dann nicht Erträge und Aufwendungen gegenüber gestellt und auch nicht Kosten und Leistungen, sondern Sie müssten sich bei jedem Umsatz-Euro fragen, wann dieser zur Einzahlung kommt und bei

jedem Aufwand oder jeder Kostengröße, wann diese zur Auszahlung kommt.

Da eine „exakte“ Planung der Liquidität noch viel schwieriger ist als die Planung des Erfolgs, weil jede vorzeitige oder verspätete Einzahlung Ihrer Kunden die ganze Planung durcheinander bringt, macht man es sich in der Praxis leicht. Man stellt die Ergebnisse aller drei Rechenwerke (Ergebnisrechnung, Gewinn- und Verlustrechnung und Liquiditätsrechnung) in einem gemeinsamen Formular dar. Und das geht so:

Man startet mit dem geplanten Ergebnis der Erfolgsrechnung und leitet daraus das Ergebnis der Gewinn- und Verlustrechnung ab, indem man es um Zusatzkosten, Anderskosten und neutrale Erträge korrigiert (s. Kapitel B2.2). Da Zinsen und Steuern in der Erfolgsrechnung meist kalkulatorisch angesetzt werden und nicht den tatsächlich gezahlten Beträgen entsprechen, lässt man diese praktischerweise gleich aus dem Ergebnis heraus und startet mit dem Ergebnis vor Zinsen und Steuern. Das ist übrigens der so genannte EBIT (**E**arnings **B**efore **I**nterest and **T**axes), der Ihnen vielleicht schon einmal „über den Weg gelaufen ist“.

Ergebnis der Erfolgsrechnung vor Zinsen und Steuern
\+ Zusatzkosten
± Anderskosten
\+ neutrales Ergebnis
\- Steuern
\- Zinsen

= Ergebnis der Gewinn- und Verlustrechnung

Aus diesem Ergebnis ermittelt man dann den Cashflow. Dazu sind einige „Korrekturen“ notwendig, weil das Ergebnis der GuV auch nicht zahlungswirksame Größen enthält, die herausgerechnet werden müssen und andere zahlungswirksame Größen, die in der GuV nicht enthalten sind, für den Cashflow dazu gerechnet werden müssen.

Nicht zahlungswirksame Größen sind z. B. die Abschreibungen. Sie erfassen den wertemäßigen Verbrauch von Anlagegütern und verteilen die Investitionsauszahlungen über die gesamte Nutzungsdauer der Anlagen. Die dazu gehörigen Zahlungsgrößen sind aber die ursprünglichen Investitionsauszahlungen, die wiederum in der GuV fehlen. Weitere nicht zahlungswirksame Größen sind die Erhöhung oder Verminderung von Rückstellungen. Die Ermittlung des Cashflows erfolgt also nach folgendem Schema:

Ergebnis der Gewinn- und Verlustrechnung
+ Abschreibungen
+ Erhöhung von Rückstellungen
- Verminderung von Rückstellungen
- Investitionsauszahlungen

= Cashflow

Checkpoint 3

Das sieht bis jetzt doch ganz einfach aus, oder? Leider gibt es einen kleinen, aber unter Umständen entscheidenden Haken an dieser Vorgehensweise. Da die Umsätze in der GuV in der Periode erfasst werden, in der die Ausgangsrechnung gestellt wird und in der Erfolgsrechnung in der Periode, in der ein Auftrag fertig gestellt wird, wird nach dieser indirekten Methode unterstellt, dass die Einzahlung auch zu diesem Zeitpunkt erfolgt. Das ist aber gerade nicht der Fall. Genau deshalb sollte ja eine Liquiditätsrechnung zusätzlich erstellt werden, weil es zeitliche Verschiebungen zwischen Ein- und Auszahlungen gibt, die finanziert werden müssen. Also, was tun?
Es bleibt Ihnen nichts anderes übrig, als auch hier eine „Korrektur“ vorzunehmen. Dazu müssen Sie zumindest eine grobe Vorstellung davon haben, wie die Zahlungsgewohnheiten Ihrer Kunden aussehen und natürlich auch Ihre eigenen. Haben Sie ein generelles Zahlungsziel von 30 Tagen mit Ihren Kunden vereinbart? Prima, dann „verschieben“ Sie einfach jeden geplanten Umsatz-Euro (aus der GuV bzw. Erfolgsrechnung) für die Liquiditätsplanung um einen Monat. Haben Sie ein Zahlungsziel von 60 Tagen, verschieben Sie die Umsätze um zwei Monate usw. Haben Sie keine Monats- sondern eine Quartalsplanung, dann verschieben Sie bei 30 Tagen Zahlungsziel ein Drittel jedes Quartalsumsatzes in das nächste Quartal, bei 60 Tagen Zahlungsziel verschieben Sie zwei Drittel usw.

Klingt alles ziemlich plausibel. Entscheidend ist aber letztlich, dass Sie die tatsächlichen Zahlungsgewohnheiten Ihrer Kunden abbilden. Es könnte ja sein, dass diese trotz 30 Tagen Zahlungsziels regelmäßig erst nach 90 Tagen zahlen. Dann müssen Sie natürlich die 90 Tage einplanen. Im Zweifel wählen Sie den Zeitraum vorsichtshalber etwas länger, denn es geht ja hier um das Abschätzen des Risikos, zahlungsunfähig zu werden.

3 Beispielrechnung zur Liquiditätsplanung

Checkpoint 1 Das folgende Beispiel greift auf die Quartalserfolgsplanung aus Kapitel G4 zurück und stellt dar, wie die Erfolgsplanung in die Cashflow-Planung übergeleitet wird.

Beispiel: Überleitung einer Erfolgsplanung in eine Liquiditätsplanung

Das in der folgenden Tabelle abgebildete Zahlenbeispiel startet mit dem Ergebnis der Quartalserfolgsplanung aus Kapitel G4, das hier verkürzt noch einmal dargestellt ist.

Checkpoint 2 Der Gesamtunternehmenserfolg ergab sich nach Abzug von Zinskosten und Steuern. Zur Errechnung des EBIT werden diese beiden Positionen wieder hinzuaddiert, sozusagen „neutralisiert". Anschließend erfolgt die Überleitung zum Ergebnis der GuV, indem eventuell in der Erfolgsrechnung angesetzte Zusatzkosten wieder addiert werden, Anderskosten, korrigiert werden und ein gegebenenfalls vorhandenes neutrales Ergebnis addiert wird. Außerdem werden Zinsen und Steuern in der Höhe angesetzt, in der sie zu zahlen sind. Für das Beispiel wurden für diese drei Positionen fiktive Werte angesetzt.

Checkpoint 3 Jetzt erfolgt die Überleitung vom Ergebnis der GuV zum Cashflow. Dazu werden die Abschreibungen addiert, eventuelle Erhöhungen oder Verminderungen von Rückstellungen korrigiert und Investitionsauszahlungen abgezogen. Der Saldo ist der Cashflow vor Korrektur, das heißt vor der Berücksichtigung von zeitlichen Verschiebungen zwischen Umsätzen und Einzahlungen oder Kosten und Auszahlungen.

Liquiditätsplanung

Liquiditätsplanung Mediaagentur					
	1. Quartal	2. Quartal	3. Quartal	4. Quartal	Gesamt
	Werte in 1.000 Euro				
Umsatz	**4.000**	**2.500**	**2.500**	**1.000**	**10.000**
variable Kosten	**1.988**	**1.242,5**	**1.242,5**	**497**	**4.970**
Deckungsbeitrag 1	**2.012**	**1.257,5**	**1.257,5**	**503**	**5.030**
Personalkosten eigener DL	769,2	668,25	668,25	567,3	2.673
Deckungsbeitrag 2	**1.242,8**	**589,25**	**589,25**	**-64,3**	**2.357**
Abschreibungen	7	7	7	7	28
Zinskosten	2,5	2,5	2,5	2,5	10
Steuern	20	20	20	20	80
Übrige fixe Kosten	**283**	**283**	**283**	**283**	**1.132**
Gesamtunternehmenserfolg	**930,30**	**276,75**	**276,75**	**-376,80**	**1.107**
Zinskosten	**2,5**	**2,5**	**2,5**	**2,5**	**10**
Steuern	**20**	**20**	**20**	**20**	**80**
EBIT	**952,8**	**299,25**	**299,25**	**-354,3**	**1.197**
+ Zusatzkosten	**0**	**0**	**0**	**0**	**0**
± Anderskosten	**-50**	**-10**	**30**	**0**	**-30**
± neutrales Ergebnis	**-10**	**-50**	**0**	**0**	**-60**
– Zinsen	**-2**	**-3**	**-2**	**-5**	**-12**
– Steuern	**-20**	**-50**	**-30**	**-30**	**-130**
Ergebnis der GuV	**870,8**	**186,25**	**297,25**	**-389,3**	**965**
Abschreibungen	**7**	**7**	**7**	**7**	**28**
Veränderung Rückst.	**0**	**0**	**0**	**0**	**0**
Investitionen	**-50**	**0**	**0**	**0**	**-50**
Cashflow vor Korrektur	**827,8**	**193,25**	**304,25**	**-382,3**	**943**

Checkpoint 4

Vergleichen Sie einmal die Ergebnisse der drei Rechenwerke miteinander: Zwischen dem Ergebnis der Erfolgsrechnung (1.107 Td Euro), und dem Ergebnis der GuV (965 Td Euro) liegen 142 Td Euro, die u. a. durch betriebsfremde, periodenfremde oder außerordentliche Einflüsse zustande kommen, die das rein betriebliche Ergebnis verschlechtern. Die weitere Differenz zum Cashflow in Höhe von 22 Td Euro (965 – 943) resultiert daraus, dass die Abschreibungen insgesamt um 22 Td Euro unter den Investitionen liegen.

Checkpoint 5

Damit sind wir aber noch nicht fertig, denn wir müssen ja noch die zeitliche Verschiebung zwischen Umsätzen und Einzahlungen bzw. Kosten und Auszahlungen berücksichtigen. Der Einfachheit halber unterstellen wir, dass alle Kosten auch gleichzeitig Auszahlungen darstellen, dass aber die Zahlungsgewohnheiten der Kunden ziemlich ungünstig für unser Unternehmen sind, da diese im Durchschnitt erst nach 90 Tagen (also nach einem Quartal) zahlen. Wir verschieben demnach alle Umsätze um ein Quartal nach hinten. Der Umsatz des ersten Quartals kommt im zweiten Quartal zur Einzahlung, der Umsatz des zweiten Quartals wird im dritten Quartal eine Einzahlung usw. Im ersten Quartal muss der Umsatz aus dem letzten Quartal des Vorjahres als Einzahlung berücksichtigt werden, nehmen wir an, das waren 1 Mio. Euro, so wie im letzten Quartal dieses Jahres.

Wir beginnen jetzt nicht wieder von ganz oben, sondern vollziehen die zeitlichen Verschiebungen nur als Korrekturen am Cashflow. Das sieht dann so aus.

Liquiditätsplanung

Korrektur des Cashflow					
	1. Quartal	**2. Quartal**	**3. Quartal**	**4. Quartal**	**Gesamt**
	in 1.000 Euro				
Cashflow vor Korrektur	827,8	193,25	304,25	-382,3	943
Umsatz	-4.000	-2.500	-2.500	-1.000	-10.000
Einzahlungen	1.000	4.000	2.500	2.500	10.000
Cashflow korrigiert	-2.172,2	1.693,25	304,25	1.117,7	943

Das ist doch ein interessantes Ergebnis, oder nicht? Der Cashflow des gesamten Jahres beträgt auch nach der Korrektur 943 Td Euro, aber die Verteilung auf die Quartale hat sich dramatisch verändert. Und das liegt an der sehr unterschiedlichen Verteilung des Umsatzes auf die vier Quartale. Während die Einzahlung für den hohen Umsatz des ersten Quartals erst im zweiten Quartal erwartet wird, können die hohen Auszahlungen des ersten Quartals nicht durch die Einzahlungen aus dem Vorquartal gedeckt werden. Es besteht also hier ein erhöhter Finanzierungsbedarf, der nicht ohne weiteres erkannt worden wäre, wenn man sich nur auf das Betriebsergebnis oder das Ergebnis aus der GuV konzentriert hätte. Auch an dieser Stelle gibt es wieder eine Möglichkeit der Vereinfachung: Reduzieren Sie den unkorrigierten Cashflow um Ihre Forderungen an Kunden und erhöhen Sie ihn durch die Verbindlichkeiten gegenüber Lieferanten, kommen Sie näherungsweise zu einer Cashfow Korrektur.

Was sollten Sie aus diesem Zahlenbeispiel mitnehmen? Liquiditätsplanung ist kein kompliziertes Geschäft. Man kann es sich leicht machen, indem man bereits vorhandenes Datenmaterial benutzt. Entscheidend ist, dass man die zeitlichen Verschiebungen zwischen Umsätzen und Einzahlungen bzw. Kosten und Auszahlungen berücksichtigt. Andernfalls ist die Liquiditätsplanung nichts wert.

Wenn Sie eine Quartalsdarstellung für Ihre Liquiditätsplanung gewählt haben, müssen eventuelle Kreditaufnahmen immer für den Anfang des Quartals eingeplant werden, wenn Sie sicher gehen wollen, nicht schon innerhalb des Quartals zahlungsunfähig zu werden. Sie können in dieser Darstellung nicht erkennen, wann genau im Laufe des Quartals der Finanzierungsbedarf auftritt. Eine Monatsdarstellung bietet eine bessere Vorausschau. Außerdem ist zu beachten, dass durch die Aufnahme eines Kredits zusätzlich Zinszahlungen für diesen Kredit zu berücksichtigen sind, die den Finanzierungsbedarf weiter erhöhen. Im Beispiel wurde dieser Aspekt zu Gunsten der Übersichtlichkeit vernachlässigt. Checkpoint 6

Wie bei der Erfolgsplanung ist auch bei der Liquiditätsplanung eine regelmäßige Kontrolle notwendig, weil die Auswirkungen einer fehlerhaften Liquiditätsplanung gravierend sind: Sie können zur Zahlungsunfähigkeit des Unternehmens führen. Es empfiehlt sich daher sehr, Ihre Planung jeden Monat bzw. jedes Quartal dahingehend zu überprüfen, inwieweit die zuvor getroffenen Annahmen tatsächlich eingetroffen sind und Ihre weitere Planung ggf. anzupassen.

Zusammenfassung:

Wenn Sie sicher gehen wollen, nicht überraschend zahlungsunfähig zu werden, benötigen Sie neben der Erfolgsplanung zusätzlich eine Liquiditätsplanung. Die Erfolgsplanung stellt zwar Umsätze und Kosten gegenüber und ermittelt daraus den Unternehmenserfolg. Dieser sagt aber nichts darüber aus, ob Sie diesen Erfolg auch als Cashflow in der Kasse haben. Umsatz und Kosten werden zu einem anderen Zeitpunkt erfasst, als die zugehörigen Einzahlungen und Auszahlungen stattfinden. Daher genügt die Erfolgsplanung nicht, um zu entscheiden, ob genügend Mittel zur Erfüllung der finanziellen Verpflichtungen des Unternehmens vorhanden sind.

Das Formular für die Erfolgsrechnung kann als Basis für die Liquiditätsplanung benutzt werden. Dann erfolgt eine Überleitung zur Gewinn- und Verlustrechnung, indem „Korrekturen" für Zusatzkosten, Anderskosten und das neutrale Ergebnis vorgenommen werden. Anschließend wird der Cashflow entwickelt, indem nicht zahlungswirksame Positionen (wie Abschreibungen) entfernt und nicht enthaltene zahlungswirksame Positionen (wie Investitionen) ergänzt werden. In einem letzten Schritt werden die zeitlichen Verschiebungen zwischen Umsätzen und Einzahlungen bzw. Kosten und Auszahlungen berücksichtigt.

Ergeben sich im ganzen Jahr nur positive Cashflows, besteht keine Gefahr für das Unternehmen, zahlungsunfähig zu werden. Die flüssigen Mittel können am Kapitalmarkt angelegt werden oder stehen für Investitionen oder für Ausschüttungen zur Verfügung. Ergeben sich (auch) negative Cashflows, muss ein Kredit bei der Bank aufgenommen oder ein Kontokorrentkredit in Anspruch genommen werden. Dabei ist immer der gesamte Finanzierungsbedarf des Jahres zu berücksichtigen und nicht nur die einzelnen Cashflows.

Checkliste H

Checkliste H: Liquidität
1. Erfolgsrechnung als Basis für die Liquiditätsrechnung
2. Ermitteln des EBIT (**E**arnings **B**efore **I**nterest and **T**axes)
3. Überführen des EBIT zum Ergebnis der GuV (Zusatzkosten, Anderskosten, neutrales Ergebnis)
4. Ermitteln des Cashflow vor Korrektur (Hinzufügen zahlungswirksamer Positionen, Entfernen nicht zahlungswirksamer Positionen)
5. Korrektur des Cashflow durch Berücksichtigung zeitlicher Verschiebungen zwischen Umsätzen und Einzahlungen bzw. Kosten und Auszahlungen
6. Bei negativen Cashflows: Berücksichtigung von Krediten

Rating und Basel II – Fluch oder Segen?

1 Wie kommen Sie an günstige Kreditkonditionen, und wie locken Sie Investoren an?

Haben Sie Schulnoten auch so gehasst? Ständig wurde man beurteilt, bewertet und verglichen. Und ungerecht war das Ganze meist auch noch. Nicht zu sprechen von den Konsequenzen – für Arbeitsplatz, Studienplatz oder wo Noten sonst noch als Basis für eine Entscheidung genutzt werden.

Und leider hört das mit der Bewertung danach nicht auf. Selbst wenn Sie Schule und Studium längst hinter sich haben und vielleicht sogar Ihr „eigener Herr“ sind und nicht als Angestellter regelmäßig beurteilt werden: Jetzt wird Ihr Unternehmen unter die Lupe genommen, von Kunden und Lieferanten sowieso, aber neuerdings auch verstärkt und systematisch von Banken und potenziellen Investoren.

Wissen Sie denn überhaupt, nach welchen Kriterien Ihre Bank oder ein Investor Ihr Unternehmen beurteilt? Woher wissen Institutionen oder Personen, ob Sie in der Lage sind, ein Darlehen zurückzuzahlen oder dass eine Geldanlage bei Ihnen sicher aufgehoben ist? Auf welcher Grundlage kalkuliert Ihre Bank die Zinskonditionen, wenn sie Ihnen einen Kredit gewährt? Und welche Kreditsumme gewährt sie Ihnen?

Wenn Sie tatsächlich unabhängig sind und Ihr Unternehmen vollständig mit Eigenkapital finanzieren – kein Problem. Aber wenn Sie auf Kredite von Banken oder auf externe Investoren angewiesen sind, kommen Sie nicht daran vorbei, sich mit deren Entscheidungskriterien zu beschäftigen. Banken erstellen vor jeder Kreditvergabe ein so genanntes Rating zur Beurteilung von Kreditrisiken. Ein Rating trifft eine Aussage über die Fähigkeit eines Schuldners, seine finanziellen Verpflichtungen vollständig und termingerecht erfüllen zu können.

Internes Rating

Nimmt Ihre Hausbank das Rating aufgrund Ihrer Kreditanfrage (automatisch) vor, dann nennt man es „internes Rating". Es wird nicht veröffentlicht, meist erhalten nicht einmal Sie selbst die Ergebnisse. Hauptsächlich konzentriert sich die Bank dabei auf Firmenkennzahlen wie z. B. die Eigenkapitalquote, die Kapitalstruktur, den Cashflow, die Liquidität, die Eigenkapitalrendite und andere. Diesem Rating können Sie nicht entgehen, es wird von Ihrer Bank automatisch erstellt, wenn Sie eine Kreditanfrage stellen.

Trotzdem können Sie es nicht für sich selbst nutzen, da die Ergebnisse nicht veröffentlicht werden. Daher könnte es für Sie interessant sein, zusätzlich ein so genanntes externes Rating bei einer Rating-Agentur zu beauftragen. Das ist zwar kostenpflichtig und erfordert auch einen gewissen Aufwand. Aber Sie können es anschließend für Werbezwecke nach innen (Mitarbeiter und Führungskräfte) und nach außen (Investoren, Kunden, Lieferanten etc.) nutzen. Mit einem guten Rating können Sie Investoren anlocken, Ihren Kunden und Lieferanten Sicherheit geben und ggf. mit Ihrer Hausbank neu über Kreditkonditionen verhandeln. Es ist durchaus möglich, dass Sie nach dem externen Rating besser abschneiden als Ihre Bank Sie vorsichtig eingestuft hat, nicht zuletzt deshalb, weil Rating-Agenturen meist mehr qualitative Faktoren in die Beurteilung eingehen lassen als Banken.

Auf der Homepage der TU Ilmenau gibt es übrigens die Möglichkeit, einen kostenlosen Selbstcheck („MWI-Rating-Selbstcheck") vorzunehmen.

2 Gehören Sie zu den Besten?

Externe Ratings

Für die Einstufung in Bonitäts-Gruppen werden bei den externen Ratings nicht nur die „Hardfacts" in Form von Finanzkennzahlen untersucht, sondern auch qualitative Informationen über Führungsqualitäten der Manager, das Wettbewerbsumfeld u. Ä. eingeholt. Externe Ratings sind daher aufwändiger als interne, sie sind verbunden mit Interviews, Firmenbesichtigungen, umfangreichen Analysen des Umfelds etc. Konkret werden die folgenden Bereiche untersucht und qualitative und quantitative Bewertungen vorgenommen.

- Vermögens-, Ertrags- und Finanzlage des Unternehmens,
- Zukunftspläne und Strategie,
- Management und Organisation,
- Produkt und Wettbewerbsposition,
- rechtliche und technologische Rahmenbedingungen.

Die quantitativen Faktoren („Hardfacts“) erhalten in der Gesamtbeurteilung eine Gewichtung von 70-80 %, während die „Softfacts“ mit 20-30 % gewichtet werden.

Rating-Klassen

Die Bewertung der Bonität eines Unternehmens erfolgt durch Einordnung in Rating-Klassen, die je nach Rating-Agentur entweder mit Schulnoten beziffert werden („da sind sie wieder“) oder nach anglo-amerikanischem Prinzip mit Buchstaben, die von AAA („triple A“) für höchste Bonität bis D („default“) für eine sehr schlechte Bonität reichen. Gesellschaften wie Standard & Poor´s, Moody´s Investors Service, Fitch Ratings und in Deutschland die Creditreform Rating AG führen solche Ratings durch.

triple A

Bonitäts-Gruppen

Unter den Langfrist-Ratings gibt es vier Bonitäts-Gruppen: Gruppe 1 ist die beste Gruppe und enthält nur erstklassige Adressen aus Industrie und Kreditbereich. Diese Gruppe bietet dem Anleger eine praktisch risikolose Anlagemöglichkeit. Die Bewertung AAA wird von allen Agenturen beschrieben mit: „Ausfallrisiko ist fast Null“. Selbst langfristig betrachtet bleibt die Ausfallquote in der Kategorie AAA sehr gering, im 5-Jahreszeitraum wird sie mit 0,1 % angesetzt. Übersetzt heißt das, es wird damit gerechnet, dass von 1000 AAA-Unternehmen innerhalb von 5 Jahren nur eines illiquide wird.

AAA

Mit BBB bewertete Unternehmen befinden sich in stabilen wirtschaftlichen Verhältnissen, eine Anlage in diesen Unternehmen wird als sicher angesehen. CCC dagegen bedeutet: „Nur bei günstiger Entwicklung sind keine Ausfälle zu erwarten.“ C und D-Titel gelten als „Not leidend“.

Basel II

Dass Banken automatisch eine Risiko-Einstufung aller ihrer Kreditnehmer vornehmen, ist durch Beschlüsse geregelt, die in der Branche unter dem Stichwort „Basel II" bekannt sind. Diese Beschlüsse stammen vom Basler Ausschuss für Bankaufsicht bei der Bank für internationalen Zahlungsausgleich. Dieser Ausschuss hat eine Eigenkapitalregelung für Banken entworfen, die zwar für die europäischen Länder nicht verbindlich ist, da hier nur nationale Regelungen gesetzlich bindend sind. Da die meisten Länder aber selbst in dem Ausschuss vertreten sind, kann man von einer faktischen Verbindlichkeit sprechen.
Insbesondere wird in Basel II ein bestimmtes Mindestkapital bei Banken vorgeschrieben, das prozentual in Abhängigkeit von den Kreditsummen errechnet wird. Nach „Basel I" (Regelungen, die als Folge der Krise des Kölner Bankhauses Herstatt aufgestellt wurden) war dieser Prozentsatz mit einheitlich 8 % festgelegt worden. Basel II sieht nun unterschiedliche Prozentsätze für unterschiedliche Risikoklassen vor (je höher des Risiko, desto höher der Prozentsatz).
Damit werden Unternehmen, deren Risiko niedrig eingeschätzt wird, für Banken attraktiver, und sie reagieren darauf mit der Vergabe von günstigeren Kreditkonditionen. Für Sie bedeutet das konkret, dass es leichter wird, ein Darlehen zu bekommen, wenn Sie ein gutes Rating haben und dass Sie geringere Zinsen dafür zahlen müssen, als wenn Sie beim Rating schlecht abschneiden.
Dazu sollten Sie wissen, wie Banken die Kreditkonditionen kalkulieren. Die Zinsberechnung setzt sich aus vier Säulen zusammen:

1. Zinssatz zur Refinanzierung am Interbankenmarkt
2. Bearbeitungskosten für die Kreditentscheidung
3. Risikokosten
4. Eigenkapitalbindungskosten

Risikokosten

Die Punkte 3 und 4 sind die, die vom Rating beeinflusst werden. Die Risikokosten ermitteln sich aus

- der Ausfallwahrscheinlichkeit des Kredits, also der Wahrscheinlichkeit, mit der Sie den Kredit nicht zurückzahlen können (Ergebnis des Ratings),

- der erwarteten Inanspruchnahme bei Ausfall, deren maximale Höhe vertraglich fixiert ist,
- und der Verlustquote, die angibt, wie viel Prozent des bei Ausfall in Anspruch genommenen Kreditbetrags tatsächlich zum Verlust der Bank wird, weil keine Sicherheiten oder möglichen Veräußerungen dagegen gerechnet werden können.

Die Berechnung der Risikokosten sieht dann so aus:

Risikokosten = Ausfallwahrscheinlichkeit (%)
x Inanspruchnahme bei Ausfall (€)
x Verlustquote (%)

Eigenkapitalbindungskosten

Die Eigenkapitalbindungskosten hängen ebenfalls vom Rating ab und vom Eigenkapital-Renditeziel der Bank. Muss die Bank aufgrund Ihres Ratings z. B. 8 % Eigenkapital auf die Kreditsumme hinterlegen und beträgt ihr eigenes Eigenkapitalrenditeziel 12 %, so werden die Eigenkapitalbindungskosten mit 0,96 % (= 8 % x 12 %) der Kreditsumme angesetzt.

Beispiel: Zinskalkulation für eine Kreditvergabe

Sie beantragen einen Kredit bei Ihrer Bank in Höhe von 800.000 €. Der Zins am Interbankenmarkt, mit dem sich Ihre Bank refinanziert, beträgt zur Zeit 3 %, die Bearbeitungskosten für Ihren Kredit setzt die Bank mit 800 €, also 0,1 % der Kreditsumme an. Sie haben ein internes Rating von der Bank erhalten, das Ihre Ausfallwahrscheinlichkeit mit 5 % bewertet, woraufhin die Bank 8 % Eigenkapital unterlegen muss. Die erwartete Inanspruchnahme des Kredits bei Ausfall beträgt 700.000 € und die Verlustquote liegt bei 60 %. Die Bank hat ein Eigenkapital-Renditeziel von 12 %.

Die Risikokosten errechnen sich nach der Definition:
Ausfallwahrscheinlichkeit x Inanspruchnahme x Verlustquote
= 5 % x 700.000 € x 60 % = 21.000 €
das sind 2,625 % der Kreditsumme.

Der Kreditzins wird dann durch die Bank wie folgt ermittelt:

Ermittlung des Kreditzinssatzes I	
Refinanzierungszins	3,000 %
Bearbeitungskosten	0,100 %
Risikokosten	2,625 %
Eigenkapitalbindungskosten	0,960 %
Kreditzins	**6,685 %**

Nur mal angenommen, Ihre Bank ist (über)vorsichtig, was Ihr Rating deutlich verschlechtert und die Ausfallwahrscheinlichkeit auf 10 % erhöht, so dass sie jetzt 12 % Eigenkapital für den Kredit unterlegen muss, dann verdoppelt das die Risikokosten, und das Bild verändert sich für Sie sofort deutlich:

Ermittlung des Kreditzinssatzes II	
Refinanzierungszins	3,00 %
Bearbeitungskosten	0,10 %
Risikokosten	5,25 %
Eigenkapitalbindungskosten	1,44 %
Kreditzins	**9,79 %**

Die Erkenntnis, dass Kredithöhe und Zinskonditionen ganz wesentlich von der Rating-Einstufung durch Ihre Bank abhängen, sollte Konsequenzen auf Ihre Unternehmensführung haben, da die Kriterien des Ratings möglicherweise nicht mit den Ihren identisch sind. Die Kriterien der Bank haben tendenziell eine liquiditäts- und risikoorientierte Ausrichtung, während Sie vielleicht bisher Ihr Unternehmen stärker nach langfristigen Renditezielen ausgerichtet haben. Ein Beispiel: Sie selbst haben als „Spitzenkennzahl" in Ihrem Unternehmen die Umsatzrendite gewählt, weil die Ihnen am ehesten aussagefähig erscheint für die nachhaltige Wirtschaftlichkeit Ihrer Unternehmenstätigkeit. Sie ermitteln sie regelmäßig als Quotient aus Ihrem Betriebsergebnis und dem erwirtschafteten Umsatz.

Umsatzrendite = Betriebsergebnis / Umsatz

Liquidität 1. Grades

Ihre Bank legt aber größeren Wert auf eine gute Liquidität, da sie diese (zu Recht) als existentiell ansieht. Dazu errechnet sie u. a. die

Liquidität 1. Grades, das sind die flüssigen Mittel dividiert durch die kurzfristigen Verbindlichkeiten.

Liquidität 1. Grades = flüssige Mittel / kurzfristige Verbindlichkeiten

Damit erhält sie eine Prozentzahl, die angibt, welcher Anteil der kurzfristigen Verbindlichkeiten durch die flüssigen Mittel sofort bezahlt werden können. Ideal ist ein Wert von 100 %, da damit alle kurzfristigen Verbindlichkeiten sofort zurückgezahlt werden könnten. Üblich und auch in der Regel ausreichend sind aber Werte zwischen 10 und 30 %, da im Normalfall nicht damit zu rechnen ist, dass alle Gläubiger gleichzeitig, sofort und in voller Höhe ihr Geld einfordern.

Beispiel: Kreditvergabe nach Rating (Zinshöhe)

Angenommen, im vergangenen Jahr lag Ihr Betriebsergebnis bei 1 Mio. €. Der Umsatz betrug 10 Mio. €. Ihre Umsatzrendite lag demnach bei 10 % (1 Mio. € / 10 Mio. € x 100 %).

Ihr Ziel ist es, Ihre Umsatzrendite in den nächsten Jahren zu verbessern. Das können Sie erreichen, indem Sie das Betriebsergebnis erhöhen.

Zu diesem Zweck wollen Sie in der nächsten Zukunft neue Märkte erschließen, um langfristig wettbewerbsfähig zu bleiben und die Existenz des Unternehmens zu sichern. Dazu wollen Sie ein kleineres Unternehmen kaufen, das Ihnen die Markterweiterung direkt ermöglicht. Die Investitionssumme beträgt 1 Mio. €. 100.000 € davon wollen Sie selbst aus flüssigen Mitteln finanzieren, für den Rest (900.000 €) beantragen Sie ein langfristiges Darlehen bei Ihrer Hausbank.

Das Unternehmen, das Sie kaufen wollen, erwirtschaftet ein Betriebsergebnis von durchschnittlich 200.000 € pro Jahr bei einem Umsatz von 1 Mio. €. Sie kaufen sich also sozusagen ein regelmäßiges zusätzliches Betriebsergebnis von 200.000 € ein. Dadurch wächst Ihre Umsatzrendite von 10 % auf knapp 11 % (1,2 Mio. € / 11 Mio. € x 100 %). Ziel erreicht, würden Sie sagen!?

Kennzahlen vor und nach Investition		
	vorher	**nachher**
Umsatz	10 Mio. €	11 Mio. €
Betriebsergebnis	1 Mio. €	1,2 Mio. €
Umsatzrendite	**10 %**	**11 %**
Flüssige Mittel	300.000 €	200.000 €
Kurzfristige Verbindlichk.	1,5 Mio. €	1,5 Mio. €
Liquidität 1. Grades	**20 %**	**13,3 %**

Ihre Bank sieht das aber ganz anders. Wenn Sie vor der Investition flüssige Mittel von 300.000 € hatten und kurzfristige Verbindlichkeiten von 1,5 Mio €, dann hatten Sie bisher eine Liquidität 1. Grades von 20 % (300.000 € / 1,5 Mio. € x 100 %). Da Sie einen Teil der Investitionssumme aus den flüssigen Mitteln entnehmen, nämlich 100.000 €, sinkt die Liquidität 1. Grades von ursprünglich 20 % auf nur noch 13,3 % (200.000 € / 1,5 Mio. € x 100 %), falls sich die kurzfristigen Verbindlichkeiten nicht erhöhen. Wenn diese auch noch ansteigen aufgrund höherer Lieferantenverbindlichkeiten durch das neue Geschäft, verschlechtert sich die Liquidität sogar weiter. Das interpretiert Ihre Bank als erhöhtes Risiko für das Darlehen und wird möglicherweise zurückhaltender bei der Kreditvergabe oder verlangt höhere Zinsen oder mehr Sicherheiten.

Natürlich ist dieses Beispiel ein bisschen simpel, da die Banken nicht nur eine einzige Kennzahl für die Entscheidung heranziehen. Zutreffend ist aber, dass Ihr Rating schlechter ausfallen kann als nötig, wenn Ihre Steuerungs-Kriterien nicht auf die der Banken und Investoren abgestimmt sind.
Abgesehen von den Zinskonditionen hat das Rating Ihrer Bank auch noch Einfluss auf die Kreditsumme. Je schlechter Ihr Rating ist, desto höher ist der Prozentsatz an Eigenkapital, den Ihre Bank für das Ihnen gewährte Darlehen unterlegen muss. Aber auch umgekehrt: Bei einem sehr guten Rating sinkt dieser Prozentsatz, und Sie werden für Ihre Bank als Schuldner attraktiver.
Statt der nach Basel I noch vorgesehenen pauschal 8 % für alle Darlehen müssen Banken bei sehr guter Bonität des Schuldners, z. B. AAA, nur noch 1,6 % der Kreditsumme als Eigenkapital unterlegen, dafür bei schlechter Bonität (z. B. B+ und schlechter) deutlich mehr,

z. B. 12 %. Zwar sind für kleine und mittelgroße Unternehmen Erleichterungen vorgesehen, in der praktischen Umsetzung kommen diese aber kaum zum Tragen. Welche Konsequenzen haben diese Vorgaben für Sie?

Beispiel: Kreditvergabe nach Rating (Kreditsumme)

Angenommen, Ihr Rating verschlechtert sich durch die oben beschriebene Investition von BB auf B. Sie benötigen aber wie beschrieben für die Investition ein langfristiges Darlehen in Höhe von 900.000 €. Bisher (Rating BB) hätte Ihre Bank 8 % von diesen 900.000 € als Eigenkapital vorhalten müssen, das wären 72.000 €. Jetzt, wegen der neuen Risikokategorie (Rating B) muss sie 12 % vorhalten, das sind 108.000 €.

Nun gibt es zwei Möglichkeiten: Entweder nimmt Ihre Bank die erhöhte Eigenkapitalforderung in Kauf und gibt Ihnen das Darlehen trotzdem in voller Höhe, aber natürlich zu einem erhöhten Zinssatz (s. Beispiel oben). Oder aber sie möchte ihr Eigenkapital nicht weiter erhöhen als sie es nach alter Risikokategorie hätte tun müssen (72.000 €). Dann erhalten Sie nur einen verminderten Darlehensbetrag in Höhe von 600.000 € (= 72.000 € / 12 %). Die fehlenden 300.000 € müssen Sie sich irgendwo anders beschaffen.

Der hier geschilderte Fall verschärft sich noch, wenn Sie „nur" ein internes Rating Ihrer Hausbank haben, da bei internen Ratings die Spanne für die Unterlegung von Eigenkapital noch wesentlich größer ist. Hier sind Spitzenwerte von 80 % zumindest theoretisch möglich. Rein rechnerisch würde das in dem geschilderten Fall zu einer notwendigen Erhöhung des Eigenkapitals Ihrer Bank um 720.000 € statt nur um 72.000 € führen oder zu einer Reduzierung Ihres Darlehens von 900.000 € auf nur noch 90.000 €. Diese Bedingungen würden sicher den Abschluss eines Kreditvertrages verhindern. Man könnte dieses Beispiel aber auch als Motivation ansehen, sich freiwillig einem externen Rating zu unterziehen.

Externe Ratings ersetzen übrigens nicht grundsätzlich die internen. Erst seit 6.6.2009 darf in Deutschland auf ein internes Rating verzichtet werden, wenn ein Rating der Creditreform Rating AG vorliegt, da diese Agentur von der BaFin (Bundesanstalt für Finanzdienstleistungsaufsicht) als erste deutsche Rating-Agentur offiziell anerkannt wurde. BaFin

3 Was können Sie tun?

Wie kommen Sie also zu einem guten Rating, ohne Ihre Unternehmensgrundsätze oder die strategische Ausrichtung Ihres Unternehmens zu „verraten“? Beschäftigen Sie sich intensiv mit den Kriterien, die im Rating zur Risiko-Einstufung führen und gleichen Sie ab, ob diese Kriterien und ihre Gewichtung in Ihre Unternehmenssteuerung integriert werden können oder sogar schon darin enthalten sind. Ratings können gute Hinweise darauf geben, welche wichtigen Aspekte bisher vernachlässigt wurden, insbesondere was Liquiditätskennzahlen angeht (s. auch Kapitel H).

Auf jeden Fall sollten die erhöhten Anforderungen von Seiten der Banken und Investoren für Sie ein Ansporn sein, Ihre Unternehmenssteuerung auf transparente Füße zu stellen, indem Sie alle wichtigen Instrumente des Controllings auch tatsächlich einrichten und anwenden. Nicht umsonst lauten typische Fragen im Rahmen eines externen Ratings:

- Welche Bedeutung, welche Aufgaben hat Controlling in Ihrem Unternehmen?
- Welche Controlling-Instrumente nutzen Sie?
- Wie werden Investitions-Entscheidungen getroffen?
- Welche Instrumente der Kostenrechnung nutzen Sie?

Nach einer Umfrage der PASS Consulting Group bei deutschen Kreditinstituten, die im Vorfeld von Basel II stattgefunden hat, erweisen sich die Ertragslage (z. B. Cashflow, Rentabilität), die Finanzlage (z. B. Liquiditätsplan) und die Einschätzung des Managements als besonders wichtige Rating-Kriterien sowie außerdem die Ergebnis- und Investitionsplanung.

Balanced Scorecard

Für eine Implementierung der Kriterien in die Unternehmenspraxis könnte die Einführung einer so genannten „Balanced Scorecard“ hilfreich sein, die verschiedene Blickwinkel auf das Unternehmen (Finanzperspektive, Kundenperspektive, Mitarbeiterperspektive, Prozessperspektive etc.) eröffnet und untereinander ausbalanciert und ein System von strategischen Zielen mit Kenngrößen, Zielwerten und Maßnahmen bietet, das einerseits „Softfacts“ in die Entscheidungs-

basis des Unternehmens integriert und andererseits strategische und operative Pläne und Maßnahmen miteinander verknüpft.
Die Mittelstandsstudie „MIND – Mittelstand in Deutschland" ist zu dem Ergebnis gekommen, dass die Einschätzung mittelständischer Firmen, was den Nutzen von Ratings angeht, zweigeteilt ist. Ca. 50 % der mittelständischen Unternehmen, die sich einem Rating unterzogen haben, beurteilen die Konsequenzen für ihr Unternehmen positiv, die andere Hälfte antwortet, dass sich das Rating für sie nicht gelohnt habe. Vermutlich profitieren vor allem die Firmen, die ein gutes Rating bekommen, während die anderen mit den Ergebnissen verständlicherweise nicht zufrieden sind, weil sie nicht damit werben können. Dennoch kann auch in diesen Fällen ein Rating von großem Nutzen sein, weil die Unternehmensführung selbst entsprechende Maßnahmen aus dem Rating für die Unternehmenssteuerung ableiten kann, die dann möglicherweise in der Zukunft zu einem besseren Rating führen.
Die Firmen, die das Rating für sich im Nachhinein als positiv bewertet haben, gaben als Gründe dafür an, dass sie bessere Kreditkonditionen durchsetzen konnten, leichter an Kredite herankamen, ihre Finanzierung optimieren konnten und sogar die Ergebnisse nutzen konnten, um ihre Effizienz zu steigern und mehr Gewinn zu machen. Interessant ist, dass sich nach eigener Aussage für kein Unternehmen das Verhältnis zur Hausbank durch das Rating verschlechtert hat und nur 44 % antworteten, dass es sich nicht verändert habe. Die übrigen Unternehmen konnten eine – sehr häufig sogar deutliche – Verbesserung der Beziehung feststellen.
Im Übrigen gilt die Devise: Besser ein schlechtes Rating als gar keines, da Unternehmen ohne Rating häufig von potenziellen Investoren ignoriert werden.

Zusammenfassung:

Durch die Beschlüsse von „Basel II" sind Banken gezwungen, vor jeder Kreditvergabe ein internes Rating vorzunehmen und auf der Grundlage der Ergebnisse für jeden Kredit eine bestimmte Menge an Eigenkapital zu unterlegen. Je höher die durch das Rating ermittelte Risikoklasse ist, desto mehr Eigenkapital muss unterlegt werden. Höhere Risikoeinstufungen wirken sich direkt in niedrigeren Kreditsummen, erhöhten Zinsen bzw. der Forderung nach höheren Sicherheiten aus.

Will ein Unternehmen günstige Konditionen bei der Kreditvergabe erhalten oder potenzielle Investoren anlocken, muss es die Kriterien seiner Unternehmensführung auf die Rating-Kriterien abstimmen bzw. diese zumindest in sein Steuerungssystem integrieren. *Externe* Ratings haben gegenüber den automatisch und für das Unternehmen kostenlos vorgenommenen *internen* Ratings der Banken den Vorteil, dass sie auch zur Werbung nach innen und außen genutzt werden können und keine übervorsichtige oder einseitig auf Finanzkennzahlen basierende Einstufung des Risikos durch die Bank erfolgen kann.

J

Investitionen und Wirtschaftlichkeitsberechnungen

Sind Sie schon einmal mit einem Wohnmobil in den Urlaub gefahren? Vielleicht hat es Ihnen ja sogar so gut gefallen, dass Sie darüber nachgedacht haben, sich ein eigenes zu kaufen. Bisher sind Sie zwar immer mit einem gemieteten Mobil gefahren, zuletzt zu 500 Euro pro Woche. In der Zeitung haben Sie aber ein kleines gebrauchtes gesehen, das nur 10.000 Euro kosten soll. Wenn Sie das Wohnmobil noch fünf Jahre lang nutzen könnten, wären das 2.000 Euro pro Jahr. Das würde ungefähr Ihren Ausgaben entsprechen, wenn Sie jedes Jahr vier Wochen lang ein Wohnmobil mieten.

Anders ausgedrückt: Damit sich der Kauf über die fünf Jahre „lohnt", müssen Sie jedes Jahr vier Wochen lang mit dem eigenen Wohnmobil in Urlaub fahren.

Ein anderes Beispiel: Beim Kauf eines neuen Druckers ist Ihnen vielleicht schon einmal aufgefallen, dass es nicht nur erhebliche Preisunterschiede zwischen den Geräten gibt, sondern außerdem deutliche Unterschiede zwischen der Ergiebigkeit und den Preisen für die Druckerpatronen. Wenn Sie sich zwischen zwei Geräten entscheiden, sollten Sie nicht nur die Preise der Geräte selbst vergleichen, sondern auch die Folgekosten. In der nächsten Tabelle wurde eine solche Vergleichsrechnung einmal beispielhaft vorgenommen. Dabei wurde vorausgesetzt, dass Sie ca. 4000 Drucke pro Jahr mit dem neuen Drucker erstellen wollen.

Entscheidung über den Kauf eines Druckers

	Drucker 1	**Drucker 2**
Anschaffungspreis Drucker	500 Euro	400 Euro
Preis pro Patrone	50 Euro	50 Euro
Ergiebigkeit der Patrone	2000 Drucke	1000 Drucke
benötigte Patronen für 4000 Drucke	2 Stück	4 Stück
Folgekosten für 4000 Drucke	100 Euro	200 Euro
Ausgaben nach einem Jahr	**600 Euro**	**600 Euro**

Trotz des unterschiedlichen Anschaffungspreises der beiden Geräte, kommen Sie durch die unterschiedlichen Folgekosten nach einem Jahr auf die gleiche Ausgabensumme. Diese beiden Beispiele zeigen nur die Ausgaben, die eine Investition mit sich bringt. Bei Investitionen in einem Unternehmen geht es immer auch um den zusätzlichen Nutzen der Investition, insbesondere dann, wenn es sich um die Investition in eine strategische Maßnahme handelt (z. B. die Eröffnung eines neuen Markts).

1 Welche Methode Sie anwenden können

Eine wesentliche Aufgabe des Controlling besteht darin, die Unternehmensführung bei der Entscheidung über Investitionsprojekte zu unterstützen. Das können Entscheidungen darüber sein, ob überhaupt investiert werden soll (sog. „absolute Vorteilhaftigkeit" wie bei dem Wohnmobil), oder die Entscheidung, in welche von mehreren möglichen Alternativen investiert werden soll (sog. „relative Vorteilhaftigkeit" wie bei dem Drucker). Checkpoint 1

Es gibt eine Vielzahl von möglichen Investitionsrechnungsverfahren, auf die hier nicht im Einzelnen eingegangen werden kann. Entscheidend ist, dass Sie ein Verfahren wählen, bei dem neben der Ausgabenhöhe auch die strategische Ausrichtung des Unternehmens Berücksichtigung findet. So führt eine topmoderne Holzschneidemaschine für eine Schreinerei, die computergesteuert betrieben wird und CAD-Pläne selbstständig verarbeitet, sicher zu höheren Ausgaben als eine konventionelle Maschine. Auf der anderen Seite können aber mit dieser Maschine auch viel mehr und lukrativere Aufträge abgewickelt werden als vorher. Sie stellen bei Investitionen Einzahlungen und Auszahlungen gegenüber. Es geht darum, welchen Cashflow eine Investition erwirtschaftet (vgl. auch Kapitel H1). Checkpoint 2

Ein weiterer Unterschied zwischen Investitionsrechnungsverfahren besteht darin, ob sie die zeitliche Verteilung der Ein- und Auszahlungen berücksichtigen. Die „statischen Verfahren" berücksichtigen – anders als die „dynamischen" – die zeitliche Verteilung nicht.

In dem Druckerbeispiel wurden nur die Auszahlungen des ersten Jahres gegenübergestellt, das war eine statische Betrachtungsweise. Im Beispiel mit dem Wohnmobil hätte dagegen auch der gesamte Fünfjahreszeitraum betrachtet werden können, indem die Auszahlungen bei Kauf eines eigenen Mobils den bisherigen Mietzahlungen gegenübergestellt worden wären.

Dabei ist eine Auszahlung zu Beginn eines Zeitraums höher zu bewerten als eine in fünf Jahren. Das Gleiche gilt für Einzahlungen. Es wird wohl zutreffen, dass Sie lieber heute 1.000 Euro erhalten würden als in fünf Jahren. Sie könnten die 1.000 Euro, die Sie heute bekommen, in der Zwischenzeit anlegen und hätten in fünf Jahren durch die Verzinsung viel mehr als 1.000 Euro zur Verfügung. Das heißt, die zeitliche Verteilung von Ein- und Auszahlungen ist durch eine entsprechende Ab- oder Aufzinsung zu berücksichtigen.

Checkpoint 3

Ein klassisches Verfahren, das diesen Aspekt berücksichtigt, ist die so genannte „Kapitalwertmethode". Die Anwendung der Kapitalwertmethode ist einfach. Man muss aber darauf achten, die richtigen Daten zu verwenden, umso mehr, je länger der betrachtete Zeitraum ist, über den die Investition wirkt.

2 Die Kapitalwertmethode

Bei der Kapitalwertmethode wird mit einem Kapitalzinssatz für die Abzinsung von Zahlungen gearbeitet, den Sie selbst festlegen. Er gibt an, welche Verzinsung Sie für das eingesetzte Kapital verlangen und liegt immer über dem Zinssatz, den Sie am Kapitalmarkt bekämen, wenn Sie das Geld dort anlegen würden. Er soll zusätzlich zu der Basisverzinsung bei Anlage in sichere festverzinsliche Wertpapiere das Risiko ausgleichen, das Sie eingehen, indem Sie das Geld in das Geschäft investieren. Daher hängt die Höhe des Zinssatzes davon ab, wie hoch Sie das Risiko einschätzen.

Beispiel: Investition in eine Holzschneidemaschine (Schreinerei)

Versetzen Sie sich in die Lage des Inhabers oder Geschäftsführers einer mittelgroßen Schreinerei. Sie planen eine Erweiterungsinvestition in eine neue Holzschneidemaschine. Der Anschaffungspreis der Maschine liegt bei 1 Mio. Euro. An Folgekosten erwarten Sie für diese Maschine Instandhaltungskosten in Höhe von ca. 50.000 Euro pro Jahr. Sie gehen davon aus, dass Sie die Maschine fünf Jahre lang nutzen können. Für diesen Zeitraum haben Sie die zusätzlichen Umsätze, die Sie mit der neuen Maschine abwickeln können und die entsprechenden zusätzlichen Kosten für die Abwicklung der Aufträge (Materialkosten, Personalkosten etc.) geplant.

Das Ergebnis dieser Planung zeigt die folgende Tabelle. Umsätze und Kosten sind, anders als bei der Liquiditätsplanung in Kapitel H, von vornherein rein zahlungsorientiert dargestellt. Abschreibungen werden also z. B. von vornherein gar nicht berücksichtigt. Die Differenz zwischen Ein- und Auszahlungen, also der Cashflow, wird auf den Investitionszeitpunkt (erstes Jahr) mit einem Zinssatz von 15 % abgezinst (dynamische Rechnung): Der Cashflow des Jahres zwei wird durch $1{,}15^1$ dividiert, der Cashflow des Jahres drei durch $1{,}15^2$, der des Jahres vier durch $1{,}15^3$ usw.

Die Summe der abgezinsten Cashflows ergibt den Kapitalwert.

Kapitalwert

Investitionsplanung Schreinerei					
	1. Jahr Euro	**2. Jahr Euro**	**3. Jahr Euro**	**4. Jahr Euro**	**5. Jahr Euro**
Umsatzeinzahlungen	100.000	400.000	600.000	1.200.000	1.800.000
Summe Einzahlungen	**100.000**	**400.000**	**600.000**	**1.200.000**	**1.800.000**
variable Kosten	50.000	200.000	300.000	600.000	900.000
Instandhaltungskosten	50.000	50.000	50.000	50.000	50.000
sonstige fixe Kosten	50.000	50.000	50.000	50.000	150.000
Investition	1.000.000	0	0	0	0
Summe Auszahlungen	**1.150.000**	**300.000**	**400.000**	**700.000**	**1.100.000**
Cashflow (Cf)	-1.050.000	100.000	200.000	500.000	700.000
abgezinster Cashflow	-1.050.000	86.957	151.229	328.758	400.227
Summe abgezinster Cfs	-1.050.000	-963.043	-811.814	-483.056	**-82.829**

Der Kapitalwert beträgt –82.829 Euro, er ist negativ. Das bedeutet, dass dieses Investitionsprojekt nicht in der Lage ist, Ihnen das eingesetzte Kapital von 1 Mio. Euro mit einer 15%igen Verzinsung zurückzuzahlen.

Checkpoint 4

Wenn die Entscheidung über ein Investitionsprojekt auf der Grundlage des Kapitalwerts fällt, lautet die Empfehlung des Controllers wie folgt:

- Bei einem Kapitelwert, der größer oder gleich Null ist, lohnt sich das Investitionsprojekt, weil das Kapital mit der gewünschten Verzinsung zurückgeführt wird.

- Ist der Kapitalwert größer als Null, kommt zu der gewünschten Verzinsung noch ein weiterer Liquiditätszuwachs in Höhe des Kapitalwerts hinzu.
- Liegt der Kapitalwert unter Null, lohnt sich das Projekt nicht, weil es die gewünschte Verzinsung nicht gewährleistet.

Der Zinssatz wird nach der individuellen Risikoeinschätzung variiert. Wenn Sie das Risiko der Investition größer einschätzen, verlangen Sie eine höhere Verzinsung, schätzen Sie es geringer ein, setzen Sie den Zinssatz niedriger an. Wie hoch Sie das Risiko bewerten, hängt davon ab, auf welchem Markt, in welcher Branche und in welchem Land investiert werden soll. Daher müsste der Zinssatz eigentlich für jede Investition gesondert festgelegt werden. In vielen großen Firmen wird dies auch realisiert. Andererseits gibt es mindestens genauso viele Firmen, die pragmatisch vorgehen und immer den gleichen Zinssatz ansetzen.
Wenn Sie den Zinssatz verändern, verändert sich auch die Entscheidung über das Investitionsprojekt. Wird der Zinssatz erhöht, sinkt der Kapitalwert, wird er verringert, steigt der Kapitalwert. Setzen Sie im Beispiel den Zinssatz auf 10 % herunter, erhöht sich der Kapitalwert auf 59.965 Euro. Setzen Sie den Zinssatz auf 20 % herauf, vermindert sich der Kapitalwert auf -200.849 Euro. Die Tabelle „Kapitalwert" auf der beiliegenden CD-ROM enthält ein Feld für den Zinssatz, in das Sie verschiedene Werte eingeben können. Der Kapitalwert wird dann jeweils automatisch neu berechnet.
Wenn Sie den Zinssatz in dem Beispiel auf 12 % setzen, liegt der Kapitalwert fast bei Null. Der Zinssatz, bei dem der Kapitalwert einer Investition Null ist, wird als „interner Zinsfuß" bezeichnet. Mit dem Investitionsprojekt im Beispiel sind Sie also in der Lage, das eingesetzte Kapital von 1 Mio. Euro mit einer Verzinsung von 12 % zurückzuzahlen.
Bei dem Investitionsprojekt ging es um die Entscheidung, ob die Investition überhaupt getätigt werden soll, also um die „absolute Vorteilhaftigkeit". Wenn Sie sich zwischen zwei oder mehreren Alternativen entscheiden müssen, geht es um die Entscheidung über die „relative Vorteilhaftigkeit" mehrerer Alternativen. Auch dann können Sie die Kapitalwertmethode einsetzen. Es gewinnt das Projekt

mit dem höchsten positiven Kapitalwert. Dabei ist dringend darauf zu achten, dass die Alternativen wirklich vergleichbar sind, sowohl was die Laufzeit als auch was die ungefähre Größenordnung der Investitionsausgaben angeht.

Ein typisches Beispiel für eine Wirtschaftlichkeitsberechnung, bei der zwei Alternativen verglichen werden, stellt die Entscheidung zwischen Leasing und Kauf von Maschinen, Fahrzeugen, Gebäuden o. Ä. dar. Dabei geht es zwar nicht um zwei Investitionen, sondern um die Frage, ob investiert oder geleast werden soll, die Kapitalwertmethode kann dennoch angewendet werden, weil auch das Leasing zu Auszahlungen (und das Leasingobjekt ggf. zu Einzahlungen) führt, aus denen ein Kapitalwert berechnet werden kann. Dieser Kapitalwert wird dann dem der Kaufalternative gegenübergestellt. Führen beide Alternativen nur zu Auszahlungen (wie z. B. bei Kauf oder Leasing von Dienstwagen für Vertriebsmitarbeiter oder auch in dem Wohnmobilbeispiel), sind die Kapitalwerte beide negativ. Folglich wird man sich für die Alternative entscheiden, die den kleineren negativen Kapitalwert hat.

Entscheidungen über Investitionen sollten nie auf der Grundlage eines einzigen Rechenergebnisses getroffen werden. Es sind auch andere Faktoren zu berücksichtigen, die das schlechtere Zahlenergebnis einer Alternative möglicherweise wieder aufheben können. Nehmen Sie die Entscheidung zwischen Kauf und Leasing: Es ist zusätzlich zu bedenken, dass der Kauf der Dienstwagen Ihr Anlagevermögen und damit auch Ihre Bilanzsumme erhöht (sofern er nicht aus der (Porto-)Kasse finanziert wird). Das wiederum vermindert Ihre Eigenkapitalquote usw. Ein weiteres Argument für das Leasing könnte sein, dass die jährlichen Auszahlungen genau feststehen. Bei eigenen Pkws dagegen tragen Sie selbst das Risiko von nicht geplanten Ereignissen wie Unfällen etc. Checkpoint 5

Wirtschaftlichkeitsberechnungen sind auf jeden Fall eine wichtige Entscheidungsgrundlage für geplante Investitionen. Außerdem können Sie Ihre Entscheidungen im Nachhinein nur prüfen, wenn Sie die Grundlage für diese Entscheidungen sich selbst und anderen transparent machen.

Zusammenfassung:

Investitionen binden hohe Kapitalbeträge über einen längeren Zeitraum. Daher ist es notwendig, mit entsprechenden Investitionsrechnungsverfahren eine solide Entscheidungsgrundlage zu schaffen. Bei Investitionen geht es entweder um die Frage nach der absoluten Vorteilhaftigkeit einer Investition (soll die Investition überhaupt getätigt werden) oder um die Frage nach der relativen Vorteilhaftigkeit einer Investition gegenüber einer oder mehreren Alternativen. Dabei sind neben den Auszahlungen für ein Investitionsobjekt auch die möglichen Einzahlungen durch zusätzliche Umsätze etc. zu berücksichtigen.

Die zeitliche Verteilung der Ein- und Auszahlungen ist von großer Bedeutung: Frühere Einzahlungen sind für das Unternehmen mehr wert, als spätere. Daher wird als Investitionsrechnungsverfahren die Kapitalwertmethode empfohlen, die diese Aspekte berücksichtigt. Der dort verwendete Kapitalzinssatz wird nach der individuellen Risikoeinschätzung für das Projekt festgelegt.

Ist der Kapitalwert einer Investition größer oder gleich Null, ist die Investition positiv zu beurteilen, ist er kleiner als Null, ist sie negativ zu bewerten, weil sie die gewünschte Verzinsung nicht gewährleistet. Beim Vergleich von Alternativen gewinnt das Projekt mit dem größten positiven Kapitalwert. Keine Entscheidung über ein Investitionsprojekt sollte alleine aufgrund dieses Rechenergebnisses getroffen werden. Andere Umstände, die die langfristige Entscheidung beeinflussen, sollten immer mit in das Kalkül einbezogen werden.

Checkliste J

Checkliste J: Investitionen und Wirtschaftlichkeitsberechnungen
1. Anstehende Investitionsprojekte analysieren und absolute oder relative Vorteilhaftigkeit, Wirkungsdauer und gewünschte Verzinsung festlegen
2. Investitionsrechnungsmethode festlegen (Kapitalwertmethode o. a.)
3. Kapitalwertmethode anwenden: Einzahlungen und Auszahlungen über die Wirkungsdauer planen, Cashflows ermitteln, auf den Investitionszeitpunkt abzinsen, abgezinste Cashflows addieren = Kapitalwert
4. Entscheidung: Kapitalwert > = 0: Entscheidung für die Investition, Kapitalwert < 0: Entscheidung gegen die Investition
5. Berücksichtigung von anderen Umständen, die die Investitionsentscheidung beeinflussen

K Berichtswesen und Kennzahlen

Hoffentlich haben Sie das noch nie erlebt, aber vielleicht können Sie sich die Situation trotzdem vorstellen: Sie führen seit längerer Zeit eine Wochenendbeziehung. In letzter Zeit gibt es immer häufiger Missverständnisse zwischen Ihnen und Ihrem Partner. Mal hat sich jeder darauf verlassen, dass der andere für das Wochenende einkauft. Ein anderes Mal haben Sie beide eingekauft und müssen die Hälfte entsorgen. An diesem Wochenende ist es aber endgültig zum Streit gekommen, weil Sie Karten für ein Rockkonzert besorgt haben und Ihr Partner behauptet, Sie hätten ihm davon nichts erzählt. Daher hat er bereits eine andere Verabredung getroffen. Sie gehen im Streit auseinander und schweigen sich am nächsten Morgen beim Frühstück an.

In jedem Unternehmen ist die Abstimmung zwischen den dort arbeitenden Menschen genauso notwendig wie in einer Partnerschaft. Es kann zu Missverständnissen und Doppelarbeiten kommen oder Arbeiten werden gar nicht erledigt, wenn keiner den anderen informiert.

Im Unternehmen, genau wie in einer Partnerschaft, können diese fehlenden oder falschen Informationen schwerwiegende Konsequenzen haben. Deshalb ist ein gut strukturiertes Berichtswesen in jedem Unternehmen unverzichtbar. Für die Ausarbeitung und die Pflege des Berichtswesens ist das Controlling zuständig. Alle Mitarbeiter sollten sich als interne Kunden des Controlling verstehen und jederzeit zusätzliche Serviceleistungen des Controlling in Anspruch nehmen dürfen. Wenn diese Kommunikation gut funktioniert, gibt es keine Missverständnisse oder Doppelarbeiten und „Sie können auf der nächsten Party wieder mit Ihrem Partner zusammen erscheinen“.

1 So bauen Sie ein Berichtswesen auf

Beim Aufbau eines Berichtswesens ist zu beachten, dass Sie eindeutig Verantwortlichkeiten zuordnen. Das heißt, es muss klar sein, welche(r) Mitarbeiter für die Erstellung und Verteilung der verschiedenen Berichte zuständig ist/sind. Diese Aufgabe muss ernst genommen und zuverlässig, pünktlich und inhaltlich korrekt ausgeführt werden. Die folgende Übersicht zeigt Ihnen einen Vorschlag für die möglichen Inhalte eines Berichtswesens.

Vorschlag für ein Berichtswesen		
Kategorie	**Berichte**	**Termine**
Unternehmenserfolgsrechnung	Ist Plan-Ist-Vergleich Soll-Ist-Vergleich Vorjahr-Ist-Vergleich Hochrechnung	monatlich oder quartalsweise
Kostenstellenberichte (Cost/Service Center) und Produkt-/Profit-Center-Erfolgsrechnung	Ist Plan-Ist-Vergleich Soll-Ist-Vergleich Vorjahr-Ist-Vergleich	einmal im Jahr
Liquiditätsplanung		monatlich um einen Monat ergänzen
Investitionsrechnung/Wirtschaftlichkeitsberechnungen		nach Bedarf

Die Formulare zu den vorgeschlagenen Berichten sind in den vorangegangenen Kapiteln bereits erläutert worden und unter den entsprechenden Kapitelbezeichnungen auf der beiliegenden CD-ROM verfügbar. Sie finden zusätzlich alle für Ihr Berichtswesen notwendigen Formulare noch einmal gesammelt unter dem Kapitel K auf der CD-ROM. Die Zahlenwerte in den Tabellen wurden teilweise aus den Beispielen übernommen, damit die Rechenwege nachvollziehbar bleiben und Sie die Tabellen leicht auf Ihre individuelle Situation übertragen können.

2 Kennzahlen und Kennzahlensysteme

Jeder Bericht enthält bereits eine Vielzahl von Kennzahlen, die sich – in einen sinnvollen Zusammenhang gebracht – zu einem sehr wirkungsvollen Kennzahlensystem vereinigen können. Weitere Kennzahlen ergeben sich, wenn Sie je zwei Größen in ein sinnvolles Verhältnis zueinander setzen. So ergibt z. B. die Division des Erfolgs durch den Umsatz die sog. „Umsatzrendite". Sie sollten sich auf eine kleine, aber feine Auswahl von Kennzahlen beschränken und regelmäßig überprüfen, ob diese weiterhin geeignet ist, Ihnen die gewünschten Informationen zu liefern.
Im Folgenden sind einige in der Praxis gängige Kennzahlen aufgelistet, die wichtige Anhaltspunkte für die Unternehmenssteuerung lie-

fern können. Welche Kennzahlen Sie für Ihre Unternehmensführung auswählen, hängt ganz von den individuellen Bedingungen in Ihrem Unternehmen ab.

- Umsatzrendite = Erfolg : Umsatz in %
- Deckungsgrad (auf Unternehmens-, auf Produkt- oder auf Profit-Center-Ebene) = Deckungsbeitrag : Umsatz in %
- Break-Even-Umsatz = fixe Kosten : durchschnittlicher Deckungsgrad
- RoI (Return on Investment) = Kapitalrendite = Erfolg : Gesamtkapital in %
- Pro-Kopf-Umsatz = Umsatz : Anzahl Mitarbeiter
- Liquidität ersten Grades = flüssige Mittel am Stichtag : kurzfristige Verbindlichkeiten am Stichtag
- Eigenkapitalquote = Eigenkapital : Gesamtkapital
- Umsatz (oder Deckungsbeitrag) je Fertigungsstunde

Bekannte Kennzahlensysteme aus der Praxis sind z. B. das „DuPont-Kennzahlensystem" und die „Balanced Scorecard". Auf diese Kennzahlensysteme kann hier nicht näher eingegangen werden. Im Literaturverzeichnis finden Sie aber weiterführende Literatur dazu.

Zusammenfassung:

Beim Aufbau eines Berichtswesens ist darauf zu achten, dass die Verantwortung für die Erstellung und Verteilung der verschiedenen Berichte eindeutig bestimmten Mitarbeitern zugeordnet ist. Außerdem sollte es allen Mitarbeitern gestattet sein, Änderungs- oder Ergänzungswünsche vorzubringen. Das Controlling muss sich als Servicefunktion im Unternehmen verstehen und die Mitarbeiter als seine internen Kunden. Das Berichtswesen eines Unternehmens ist dessen notwendiges Handwerkszeug. Ohne Berichtswesen kommt es zu Missverständnissen, Doppelarbeiten und fehlenden Informationen, die schnell auch zu gravierenden Fehlentscheidungen führen können.

L Prozesskostenrechnung

1 Wann lohnt es sich, die Prozesskostenrechnung einzusetzen?

Stellen Sie sich vor, Sie gehen mit einem Freund zu einem Brunch-Buffet in Ihrem Lieblings-Restaurant. Sie bezahlen jeder pauschal 25 Euro und können dafür essen, so viel Sie wollen. Ihr Freund ist begeistert! Ohne Reue greift er zu all den Köstlichkeiten, die sich ihm bieten. Er hat hinterher das Gefühl, dass sich das richtig gelohnt hat. Sie selbst sind aber sehr unzufrieden. Sie waren nämlich schon nach dem zweiten Gang zum Buffet satt und konnten deshalb nur einen Bruchteil von den angebotenen Köstlichkeiten probieren. Hätten Sie nur das zahlen müssen, was Sie gegessen haben, wären Sie wesentlich günstiger weggekommen.

So ähnlich geht es auch Ihren Kunden, wenn Sie Ihnen pauschal Gemeinkosten in den Verkaufspreis einrechnen, deren Leistungen Sie aber gar nicht in Anspruch genommen haben oder wenn Sie generell Ihre Listenpreise erhöhen, weil immer mehr Kunden kleinere Auftragsgrößen bestellen, und damit auch die „bestrafen“, die weiterhin nur größere Chargen ordern.

Wenn Sie also selber ein Störgefühl dabei haben, Ihren Kunden für unterschiedliche Leistungen die gleichen Preise zu berechnen oder grundsätzlich Schwierigkeiten in der pauschalen Zurechnung anhand von Zuschlagsätzen sehen oder auch „nur“ einen Teilbereich Ihres Unternehmens mal „näher unter die Lupe nehmen“ wollen, dann sind Sie bei der Prozesskostenrechnung genau richtig. Besonders spannend wird es, wenn Sie für einen Teilbereich Ihres Unternehmens oder auch nur für einzelne Tätigkeiten ein Outsourcing planen. Die Prozesskostenrechnung liefert hier eine zusätzliche Kostentransparenz, die den Vergleich mit externen Anbietern erleichtert.

Bevor Sie beginnen, sollten Sie sich darüber im Klaren sein, dass die Prozesskostenrechnung aufwändiger ist als die traditionelle Zurechnung von Gemeinkosten mit pauschalen Zuschlägen und Sie sollten sich gut überlegen, für welche Teilbereiche Ihres Unternehmens dieser Aufwand lohnenswert ist.

2 Der erste Schritt: Die Prozessdefinition

Checkpoint 1

Für alle Abteilungen, die in die Prozesskostenrechnung einbezogen werden (wie z. B. die Beschaffungsabteilung, die Arbeitsvorbereitung, die Läger etc.), besteht der erste Schritt in der Definition der Prozesse, die in diesen Abteilungen regelmäßig abgearbeitet werden. Erst danach können Sie an die Kostenerfassung und -verteilung gehen. Das folgende Beispiel einer Beschaffungsabteilung wird Sie die nächsten Seiten begleiten und Ihnen den Ablauf einer Prozesskostenrechnung Schritt für Schritt demonstrieren.

Beispiel: Prozesskostenrechnung
1. Schritt: Prozessdefinition

Welche Tätigkeiten werden in einer Beschaffungsabteilung regelmäßig ausgeübt?

Ganz grob gesagt, müssen

- Angebote eingeholt,
- Preisvergleiche durchgeführt und
- Eingangsrechnungen geprüft werden.

Außerdem gibt es noch einen Abteilungsleiter, der sich zum Teil ebenfalls an den genannten Tätigkeiten beteiligt, ansonsten aber seine Leitungsfunktion ausübt.

Der Detaillierungsgrad bei der Definition der Tätigkeiten kann ganz unterschiedlich ausfallen, je nachdem, welche Zwecke Sie mit der Prozesskostenrechnung verfolgen und welchen Aufwand Sie dafür in Kauf nehmen. Häufig bietet es sich an, die betroffenen Mitarbeiter frühzeitig in die Analyse einzubeziehen und diese die ausgeübten Tätigkeiten selbst erfassen zu lassen.

3 Der zweite Schritt: Verteilung der Gesamtkosten auf die Prozesse

Checkpoint 2

Wie verteilen Sie nun die gesamten Kosten der Beschaffungsabteilung auf die definierten Tätigkeiten – oder nennen wir sie ruhig schon Prozesse? Die Kosten der Beschaffungsabteilung bestehen zum überwiegenden Teil aus Personalkosten. Wenn also jeder Mitarbeiter der Abteilung nur eine bestimmte Tätigkeit ausüben würde, wäre es leicht. Dann könnte man anhand der Personalkosten dieser Mitarbeiter leicht auch die Gesamtkosten für die jeweilige Tätigkeit ermitteln. Da aber vermutlich jeder Mitarbeiter an allen drei Prozessen beteiligt ist, müssen wir anders vorgehen.

Wir behelfen uns damit, die Kosten nach der Zeit, die für die Prozesse aufgewendet wird, zu verteilen. Dazu benötigen wir die Information darüber, wie viel Prozent der gesamten Arbeitszeit auf die einzelnen Prozesse entfällt. Oder Sie erfassen die Zeit, die ein Prozess einmalig in Anspruch nimmt und multiplizieren diese Zeit mit der

Anzahl der Durchläufe dieses Prozesses. Die Zeit pro Prozessablauf kann man regelrecht **stoppen** (mit einer Stoppuhr). Es sollten dann mehrere Prozessdurchläufe gestoppt werden, um einen Durchschnittswert für die Zeit zu ermitteln. Sie können aber auch Ihre Mitarbeiter **befragen**. Oder Sie halten sich an **Standardzeiten**, die von Ihrem Verband o. a. veröffentlicht werden. Die einfachste und vermutlich auch exakteste – weil objektivere – Variante ist aber die der prozentualen Verteilung der gesamten Arbeitszeit auf die einzelnen Tätigkeiten.

Beispiel: Prozesskostenrechnung
2. Schritt: Kostenverteilung

In der Beschaffungsabteilung sind neun Mitarbeiter beschäftigt, davon ist einer der Abteilungsleiter. Der Abteilungsleiter verursacht Personalkosten in Höhe von 100.000 Euro pro Jahr. Er arbeitet zu 40 % im operativen Geschäft mit und übt über 60 % seiner Arbeitszeit seine Leitungsfunktion aus. Insgesamt fallen in der Beschaffungsabteilung Kosten in Höhe von 500.000 Euro an.

Die acht Mitarbeiter und der Abteilungsleiter (zu 40 %) arbeiten im operativen Geschäft im Jahr ca. 16.000 Stunden. Ungefähr ein Viertel dieser Zeit (also 4.000 Std.) wird für das **Einholen von Angeboten** verbraucht, die Hälfte der Zeit (also 8.000 Std.) für **Preisvergleiche** und ein Viertel (4.000 Std.) für das **Prüfen der Eingangsrechnungen**.

Die Aufteilung der Kosten nach Arbeitszeiten ist also ganz einfach:

- Für die Leitungsfunktion werden 60.000 Euro angesetzt (60 % von 100.000 für den Abteilungsleiter), es verbleiben noch 440.000 Euro für die übrigen Tätigkeiten (500.000 – 60.000),
- Für das Einholen von Angeboten werden 110.000 Euro (1/4 x 440.000) errechnet,
- für Preisvergleiche 220.000 Euro (1/2 x 440.000) und
- für die Rechnungsprüfung 110.000 (1/4 x 440.000).

Kostenverteilung

Verteilung der Kosten auf die Prozesse		
Prozess	**verbrauchte Zeit pro Jahr Std.**	**Kosten pro Jahr Euro**
Abteilung leiten		60.000
Angebote einholen	4.000	110.000
Preisvergleich erstellen	8.000	220.000
Eingangsrechnung prüfen	4.000	110.000
Summe	**16.000**	**500.000**

4 Dritter Schritt: Definition von Kostentreibern

Checkpoint 3

Ein Kostentreiber ist ein Objekt, das für die Höhe der Kosten eines Prozesses verantwortlich ist. Letztlich ist der Kostentreiber der Ersatz für die Bezugsgröße bei der pauschalen Zuordnung von Gemeinkosten anhand von Zuschlagsätzen. Aber im Gegensatz dazu ist er eine verursachungsgerechte Bezugsgröße. Das heißt, der Kostentreiber ist im Idealfall eine Kenngröße, zu der sich die Kosten proportional verhalten.

Beispiel: Prozesskostenrechnung
3. Schritt: Kostentreiber

Der Kostentreiber für den Prozess „Angebote einholen" könnte die Anzahl der eingehenden Bedarfsmeldungen sein. Je mehr Bedarfsmeldungen in der Beschaffungsabteilung eingehen, um so mehr Angebote müssen eingeholt werden und umso mehr Personal wird für diese Tätigkeit benötigt, umso höher steigen also auch die Kosten. Das Gleiche könnte für die Preisvergleiche gelten: Je mehr Bedarfsmeldungen eingehen, desto mehr Preisvergleiche müssen erstellt werden. Für den Prozess Rechnungsprüfung ist die Anzahl der Eingangsrechnungen ein geeigneter Kostentreiber. Mindestens so wichtig wie die Forderung, dass sich Kostentreiber und Kosten proportional zueinander verhalten, ist die Erfassbarkeit der Kostentreiber.

Für den Prozess „Abteilung leiten" gibt es keinen geeigneten Kostentreiber. Nicht einmal die Anzahl der Mitarbeiter in der Abteilung ist dafür geeignet, da zwar der Arbeitsaufwand für den Abteilungsleiter bei steigender Mitarbeiterzahl steigen würde, aber vorerst nicht die

Kosten, da Sie erstmal keinen weiteren Abteilungsleiter einstellen würden.

Definition der Kostentreiber	
Prozess	**Kostentreiber**
Abteilung leiten	--
Angebote einholen	Anzahl Bedarfsmeldungen
Preisvergleich erstellen	Anzahl Bedarfsmeldungen
Eingangsrechnung prüfen	Anzahl Eingangsrechnungen

5 Vierter Schritt: Ermittlung der Prozessmengen und der Prozesskostensätze

Checkpoint 4

Wenn die Anzahl der Bedarfsmeldungen als Kostentreiber für den Prozess „Angebote einholen" festgesetzt wird, dann heißt das, dass mit jeder Bedarfsmeldung einmal der Prozess „Angebote einholen" „angestoßen" wird. Um die Prozesskosten für den **einmaligen** Durchlauf des Prozesses „Angebote einholen" zu ermitteln, müssen Sie wissen, wie oft dieser Prozess im Jahr durchlaufen wird, was gleichbedeutend mit der Anzahl der Bedarfsmeldungen pro Jahr ist (Prozessmenge). Dann brauchen Sie nur noch die gesamten Prozesskosten des Jahres durch die Prozessmenge zu dividieren, und Sie haben den Prozesskostensatz. Analog ist das umzusetzen für die anderen Prozesse.

Beispiel: Prozesskostenrechnung
4. Schritt: Prozessmengen und Prozesskostensätze

Angenommen, es werden im Jahr 4.000 Bedarfsmeldungen an die Beschaffungsabteilung geschickt und es gehen insgesamt pro Jahr 2.000 Eingangsrechnungen ein, dann lassen sich die Prozesskostensätze wie folgt ermitteln:

Prozesskostensätze

Prozessmengen und Prozesskostensätze				
Prozess	**Kostentreiber**	**Prozessmenge**	**Gesamtkosten Euro**	**Prozesskostensatz Euro**
Abteilung leiten	--	--	60.000	--
Angebote einholen	Anzahl Bedarfsmeldungen	4000	110.000	27,50
Preisvergleich erstellen	Anzahl Bedarfsmeldungen	4000	220.000	55,00
Eingangsrechnung prüfen	Anzahl Eingangsrechnungen	2000	110.000	55,00

Das sieht ja schon richtig gut aus. Wir wissen jetzt, dass der Prozess „Angebote einholen" im Durchschnitt 27,50 Euro kostet und dass eine Eingangsrechnung zu prüfen Kosten in Höhe von 55 Euro verursacht. Was fangen wir aber mit den Kosten des Abteilungsleiters an, für den wir ja keinen Kostentreiber definieren konnten?

6 Fünfter Schritt: Verrechnung der Kosten von Prozessen ohne Kostentreiber

Checkpoint 5

Zur Verrechnung der Kosten des Abteilungsleiters gibt es zwei Möglichkeiten: Entweder Sie nehmen diese Kosten von vornherein aus der Prozesskosten-Betrachtung heraus und verrechnen sie wie gehabt mit pauschalen Zuschlagsätzen. Oder aber Sie verteilen die Kosten proportional auf die bereits innerhalb der Prozesskostenrechnung verteilten Prozesskosten.

Das heißt, **der** Prozess, der hohe Prozesskosten zugeordnet bekommen hat, bekommt auch einen großen Teil der Abteilungsleiterkosten zugeordnet und umgekehrt. Es ist wichtig, noch einmal zu betonen, dass diese Zuordnung der Abteilungsleiterkosten **nicht** verursachungsgerecht ist. Im Gegensatz zu dem klassischen Zuschlagsverfahren haben Sie aber wenigstens den größten Teil der Kosten vorher schon verursachungsgerecht zugeordnet und nicht **alle** Kosten nur mit einem pauschalen Zuschlagsatz verrechnet.

Beispiel: Prozesskostenrechnung
5. Schritt: Kosten ohne Kostentreiber

Die Abteilungsleiterkosten werden auf die übrigen Prozesskosten im gleichen Verhältnis wie die bereits vorhandenen Prozesskosten verteilt. Aus der Summe dieser beiden Kostengrößen ergeben sich dann die Gesamt-Prozesskosten. Durch Division dieser Gesamt-Prozesskosten ermitteln Sie die Gesamt-Prozesskostensätze.

Kosten ohne Kostentreiber

Verrechnung der Kosten ohne Kostentreiber					
Prozess	Prozess-kosten Euro	Kosten ohne Kosten-treiber Euro	Gesamt-Prozess-kosten Euro	Prozess menge	Gesamt-Prozess-kostensatz Euro
Angebote einholen	110.000	15.000	125.000	4.000	31,25
Preisvergleich erstellen	220.000	30.000	250.000	4.000	62,50
Eingangsrechnung prüfen	110.000	15.000	125.000	2.000	62,50
Gesamt	**440.000**	**60.000**	**500.000**		

Integrieren Sie die Abteilungsleiterkosten in die Prozesskostensätze, dann kostet der einmalige Durchlauf des Prozesses „Angebote einholen" 31,25 Euro und der beiden anderen Prozesse jeweils 62,50 Euro.

Mithilfe dieser Gesamt-Prozesskostensätze ist schon ein Vergleich mit externen Anbietern möglich. Wie Sie auch Ihre Kalkulation damit verbessern können, zeigt Ihnen das nächste Kapitel.

7 Zusammengesetzte Prozesse

Checkpoint 6

Stellen Sie sich vor, Sie haben einige schwierige Kunden, die immer wieder mit Nachträgen kommen und ständig die Angebotsinhalte ändern. Bisher haben Sie diesen Kunden nie etwas für diese Zusatzarbeiten berechnet. Sie möchten gerne wissen, wie viele Mehrkosten diese Kunden verursachen, zunächst nur im Beschaffungsbereich, später aber evtl. auch in anderen Abteilungen. Sie planen, diesen Kunden demnächst die von Ihnen verursachten Zusatzkosten weiterzuberechnen und damit andere Kunden zu entlasten, die diese Kosten bisher mitgetragen haben.

Sie müssen also herausfinden, welche Kosten für „normale“ Aufträge anfallen und welche für die schwierigen Kunden. Der Prozess, um den es hier geht, ist ein abteilungsübergreifender Prozess, auch wenn Sie sich um Moment erst einmal nur um die Auswirkungen auf die Beschaffungsabteilung kümmern. Einen solchen übergreifenden Prozess nennt man „Hauptprozess“.

Beispiel: Prozesskostenrechnung zusammengesetzte Prozesse

Sie definieren den übergreifenden Prozess (Hauptprozess) „Auftrag abwickeln", er kommt in zwei Variationen vor:

- Hauptprozess 1:
  Auftrag für schwierige Kunden abwickeln
- Hauptprozess 2:
  Auftrag für „normale" Kunden abwickeln

Die Kostentreiber für diese beiden Hauptprozesse sind sinnvollerweise die Anzahl der Aufträge von den jeweiligen Kundentypen. Wie setzen sich diese Hauptprozesse (zunächst nur für die Beschaffungsabteilung) zusammen? Anders gefragt: Welche von den drei ursprünglich definierten (Teil-)Prozessen für die Beschaffungsabteilung fallen bei der Auftragsabwicklung an und wie oft wird jeder Teilprozess pro Hauptprozess durchlaufen.

Angenommen, Sie wickeln im Durchschnitt 1.000 Aufträge pro Jahr ab, davon 200 Aufträge mit schwierigen Kunden. Für diese Kunden müssen in der Beschaffungsabteilung im Durchschnitt 8 Bedarfsmeldungen (BM) pro Auftrag und 4 Eingangsrechnungen (ER) bearbeitet werden. Das heißt, von den insgesamt 4.000 Bedarfsmeldungen pro Jahr und den 2.000 Eingangsrechnungen entfallen 1.600 Bedarfsmeldungen und 800 Eingangsrechnungen allein auf die schwierigen Kunden.

Die übrigen 2.400 Bedarfsmeldungen und 1.200 Eingangsrechnungen verteilen sich gleichmäßig auf die restlichen Kunden bzw. die restlichen 800 Aufträge. Damit muss die Beschaffungsabteilung für einen „normalen" Kunden nur 3 Bedarfsmeldungen pro Auftrag (2.400 Bedarfsmeldungen : 800 Aufträge) und 1,5 Eingangsrechnungen pro Auftrag (1.200 Eingangsrechnungen : 800 Aufträge) bearbeiten.

Zuordnung der Teilprozesse zu den Hauptprozessen					
Hauptprozess	**Anzahl Aufträge**	**Anzahl BM**	**Anzahl ER**	**Anzahl BM pro Auftrag**	**Anzahl ER pro Auftrag**
„Schwierige Aufträge abwickeln	200	1.600	800	8	4
„Normale" Aufträge abwickeln"	800	2.400	1.200	3	1,5
Gesamt	**1.000**	**4.000**	**2.000**		

Wenn pro „schwierigem Auftrag" 8 Bedarfsmeldungen und 4 Eingangsrechnungen anfallen, dann müssen die Teilprozesse „Angebote einholen" und „Preisvergleich erstellen" 8 Mal und der Teilprozess „Eingangsrechnung prüfen" 4 Mal durchlaufen werden. Also fällt für den Hauptprozess auch das 8-fache bzw. das 4-fache des jeweiligen Teilprozess-Kostensatzes an.

Der Hauptprozess 1 „Auftrag für schwierige Kunden abwickeln" verursacht demnach Kosten in Höhe von:

- 8 x 31,25 Euro = 250,00 Euro
- 8 x 62,50 Euro = 500,00 Euro
- 4 x 62,50 Euro = 250,00 Euro,

das sind insgesamt 1.000,00 Euro.

Der Hauptprozess 2 „Auftrag für „normale" Kunden abwickeln" verursacht dagegen nur Kosten in Höhe von:

- 3 * 31,25 Euro = 93,75 Euro
- 3 * 62,50 Euro = 187,50 Euro
- 1,5 * 62,50 Euro = 93,75 Euro,

insgesamt also nur 375,00 Euro.

Wenn Sie die beiden Kundenarten nicht getrennt berücksichtigen, müssen die „normalen" Kunden die höheren Kosten der schwierigen Kunden mit tragen. Dann bilden Sie einen Gesamtdurchschnitt wie folgt:

Sie wickeln insgesamt 1.000 Aufträge ab (gleichgültig, ob mit schwierigen oder mit „normalen" Kunden). Dafür fallen insgesamt 4.000 Bedarfsmeldungen und 2.000 Eingangsrechnungen an. Das heißt, pro Auftrag müssen im Durchschnitt 4 Bedarfsmeldungen und 2 Eingangsrechnungen bearbeitet werden. Die Kosten für den Hauptprozess „Auftrag abwickeln" setzen sich dann wie folgt zusammen:

4 * 31,25 Euro + 4 * 62,50 Euro + 2 * 62,50 Euro = 500 Euro

Somit bezahlen Ihre „normalen" Kunden bisher 125 Euro zu viel und die schwierigen Kunden 500 Euro zu wenig pro Auftrag.

Sollten Sie die Kostensätze der Hauptprozesse mit den Kosten anderer Unternehmen vergleichen wollen, z. B. um die Frage zu klären, ob Sie diese Funktion outsourcen sollten, dürfen Sie nicht vergessen, dass es sich nicht etwa um „die Gesamtkosten der Auftragsabwicklung" handelt. Es ist lediglich der Teil der Kosten, der für die Auftragsabwicklung in Ihrer Beschaffungsabteilung anfällt. Selbst wenn Sie diesen Kosten**teil** mit anderen Unternehmen vergleichen, ist Vorsicht geboten, wenn die Beschaffungsabteilungen unterschiedlich strukturiert sind (z. B. findet die Rechnungsprüfung nicht in der Beschaffung sondern in einer anderen Abteilung statt o. Ä.). Dann sind die Werte nicht miteinander vergleichbar.
Auf jeden Fall erhalten Sie mit diesen Ergebnissen eine Argumentationshilfe gegenüber Ihren schwierigen Kunden. Entweder zahlen diese für ihre Sonderwünsche in Zukunft mehr. Im Gegenzug können Sie die Preise für Ihre „normalen" Kunden senken. Oder Sie vereinbaren, dass der Umfang der Sonderwünsche in Zukunft begrenzt wird.
Sollte es Ihnen gelingen, alle schwierigen Kunden davon zu überzeugen, nur noch durchschnittlich viele Änderungen zu verursachen, würde das bedeuten, dass alle Ihre Kunden im Durchschnitt nur noch 3 Bedarfsmeldungen und 1,5 Eingangsrechnungen verursachen. Prima, könnten Sie sagen und denken, dass Sie von den durchschnittlich 500 Euro pro Auftrag 125 Euro bei jedem Auftrag sparen, also bei 500 Aufträgen insgesamt 62.500 Euro.
Leider werden Sie so eine Enttäuschung erleben. Sie haben zwar mithilfe der Prozesskostenrechnung ein Einsparungs-**Potenzial** entdeckt, aber Sie haben es noch nicht gehoben. Es handelt sich bei den Kosten der Beschaffungsabteilung überwiegend um fixe Personalkosten, die Sie nicht kurzfristig abbauen können. Wenn Sie dieses Potenzial also heben wollen, müssen Sie die frei gewordene Kapazität anderweitig nutzen oder Teile Ihrer Belegschaft, die nicht mehr ausgelastet sind, freisetzen.
Das ist, wie man sich leicht vorstellen kann, einer der Punkte, die in den Betrieben Widerstände gegen die Prozesskostenrechnung erzeu-

gen. Das schlechte Image hat aber nicht die Prozesskostenrechnung selbst zu verantworten. Wie Sie mit der neu gewonnenen Transparenz durch die Prozesskostenrechnung umgehen, bleibt Ihre Sache und liegt in Ihrer Verantwortung.

8 Welches ist die richtige Auftragsgröße?

Checkpoint 7

In dem Beispiel oben haben Sie zwei verschiedene Auftrags**arten** mithilfe der Prozesskostenrechnung verglichen. Das Gleiche lässt sich auch auf verschiedene Auftrags**größen** übertragen, um weitere Einsparungspotenziale zu entdecken. Sie kalkulieren also verschieden große Aufträge für das gleiche Produkt und schauen, wie sich die Kosten bei den jeweiligen Auftragsgrößen verändern.

Bei einer Auftragskalkulation in Massen-/Serienproduktion werden traditionell zuerst die Einzelkosten des Produkts zugeordnet. Anschließend werden die Gemeinkosten mithilfe von Zuschlagsätzen pauschal zugerechnet (vgl. Kapitel D2). Dadurch hat ein Auftrag über 10 Stück eines Produkts immer genau die 10-fachen Kosten eines Auftrags über 1 Stück, die Gemeinkosten wachsen wie die Einzelkosten immer proportional mit der Stückzahl.

Das entspricht aber nicht der Realität. Tatsächlich macht ein Auftrag über 10 Stück im Gemeinkostenbereich (Beschaffung, Arbeitsvorbereitung, Läger, Verwaltung, Vertrieb etc.) nicht überall 10 Mal so viel Arbeit wie ein Auftrag über 1 Stück. Die Gemeinkosten fallen sogar häufig pro Auftrag und nicht pro Stück an, so dass immer genau die gleichen Gemeinkosten pro Auftrag anfallen, egal wie groß der Auftrag ist.

Beispiel: Prozesskosten-Kalkulation für unterschiedliche Auftragsgrößen (Produktion)

Die folgende Tabelle zeigt noch einmal die Kostenkalkulation für ein Brötchen aus Kapitel D2.

Klassische Kalkulation

Produktkosten für 1.000 Brötchen (klassisch)	
Kostenarten	**Euro/1000 Stück**
Material-Einzelkosten	18,30
Material-Gemeinkosten (20 % der Einzelkosten)	3,66
Fertigungskosten (0,85 Euro/min. * 100 min.)	85,00
Herstellkosten	*106,96*
Vertriebskosten (50 % der Herstellkosten)	53,48
Verwaltungskosten (50 % der Herstellkosten)	53,48
Gesamtkosten für den Auftrag	**213,92**
Gesamtkosten pro Stück	**0,21392**

Da diese Kalkulation nach der klassischen Zuschlagskalkulation aufgebaut ist, ergibt ein Auftrag über 1.000 Brötchen Gesamtkosten von 213,92 Euro und ein Auftrag über 1 Brötchen Kosten in Höhe von 0,21392 Euro, die Gesamtkosten eines Auftrags verändern sich also proportional zur Stückzahl.

Angenommen, Sie gliedern Ihren Vertrieb (im Wesentlichen die Verkäufer/innen in den Filialen) aus der klassischen Kalkulation aus, weil Sie das Gefühl haben, dass hier ineffizient gearbeitet wird und Sie mehr Transparenz benötigen. Wenn Sie diesen Teil ab sofort mit der Prozesskostenrechnung bearbeiten, müssen Sie den alten Zuschlagsatz herausnehmen, damit Sie die Kosten des Vertriebs nicht doppelt erfassen.

Im Gegenzug werden die Vertriebskosten als Prozesskosten hinzugerechnet. Angenommen, Ihre Vertriebskosten liegen insgesamt pro Jahr bei 400.000 Euro. Bei 1.600.000 Aufträgen pro Jahr ergibt sich ein Prozesskostensatz in Höhe von 0,25 Euro pro Auftrag. Ein Auftrag ist hier der Kauf von einem oder mehreren Brötchen durch einen Kunden, der in die Filiale kommt. Der Einfachheit halber geht das Beispiel davon aus, dass Sie ausschließlich Brötchen verkaufen. Wegen der fehlenden Vergleichbarkeit sind außerdem Großaufträge durch Kantinen, Krankenhäuser, Hotels etc. ausgeschlossen, die gesonderte Vertriebskosten verursachen.

Die Produktkalkulation für einen Auftrag über 1.000 Brötchen verändert sich dann wie folgt:

Prozess-
kalkulation
1.000

Produktkosten für 1.000 Brötchen (Prozesskosten)	
Kostenarten	**Euro/1000 Stück**
Material-Einzelkosten	18,30
Material-Gemeinkosten (20 % der Einzelkosten)	3,66
Fertigungskosten (0,85 Euro/min. * 100 min.)	85,00
Herstellkosten	*106,96*
Vertriebskosten (0,25 Euro pro Auftrag)	0,25
Verwaltungskosten (50 % der Herstellkosten)	53,48
Gesamtkosten für den Auftrag	**160,69**
Kosten pro Brötchen für den Auftrag (Euro/Stück)	**0,16069**

Der Kostensatz für die Vertriebskosten geht nur ein Mal in die Kostenkalkulation ein, weil es sich nur um einen Auftrag handelt. Wenn Sie also immer ausschließlich Aufträge über 1.000 Stück abwickeln würden, könnten Sie die Kosten pro Brötchen von 0,21 Euro auf 0,16 Euro senken. Nun ist die Vorstellung, an jeden Kunden, der in eine Ihrer Filialen kommt, jeweils 1.000 Brötchen zu verkaufen, sehr abwegig. Nehmen Sie die andere Extremsituation: Alle Ihre Kunden kaufen immer nur genau ein Brötchen. Für diese neue Kalkulation werden alle Einzelkosten und auch die Gemeinkosten, die weiterhin nach klassischer Art (durch Zuschlagsätze) verrechnet werden, durch 1.000 dividiert, die Vertriebskosten aber in voller Höhe pro Auftrag hinzugerechnet:

Prozess-
kalkulation 1

Produktkosten für 1 Brötchen (Prozesskosten)	
Kostenarten	**Euro/Stück**
Material-Einzelkosten	0,01830
Material-Gemeinkosten (20 % der Einzelkosten)	0,00366
Fertigungskosten (0,85 Euro/min. * 100 min.)	0,08500
Herstellkosten	*0,10696*
Vertriebskosten (0,25 Euro pro Auftrag)	0,25000
Verwaltungskosten (50 % der Herstellkosten)	0,05348
Gesamtkosten für den Auftrag	**0,41044**
Kosten pro Brötchen für den Auftrag (Euro/Stück)	**0,41044**

Das Brötchen wäre mehr als doppelt so teuer wie im vorigen Beispiel, wenn Sie tatsächlich pro Kunde immer nur ein Brötchen verkaufen würden. Auch hier stellen die erhöhten Kosten nicht etwa tatsächliche Kosten dar, sondern zeigen nur ein Risiko-Potenzial auf. Kalkulieren Sie z. B. einen Auftrag von 5 Brötchen, kommen Sie zu folgendem Ergebnis:

Prozesskalkulation 5

Produktkosten für 5 Brötchen (Prozesskosten)	
Kostenarten	**Euro/5 Stück**
Material-Einzelkosten	0,0915
Material-Gemeinkosten (20 % der Einzelkosten)	0,0183
Fertigungskosten (0,85 Euro/min. * 100 min.)	0,4250
Herstellkosten	*0,5348*
Vertriebskosten (0,25 Euro pro Auftrag)	0,2500
Verwaltungskosten (50 % der Herstellkosten)	0,2674
Gesamtkosten für den Auftrag	**1,0522**
Kosten pro Brötchen für den Auftrag (Euro/Stück)	**0,21044**

Mit diesem Ergebnis liegen Sie schon sehr nahe an der ursprünglichen (klassischen) Kalkulation. Das bedeutet aber nichts Anderes, als dass Sie offenbar bisher eine durchschnittliche Auftragsgröße von 5 hatten. Sie können Kosten einsparen, wenn Sie Ihre Auftragsgröße erhöhen, Ihre Kosten werden steigen, wenn Sie die Auftragsgröße dauerhaft verringern. Sollten Sie dauerhaft nur noch ein Brötchen pro Kunde in Ihren Filialen verkaufen können, bräuchten Sie schnell mehr Personal und die Kosten pro Brötchen würden tatsächlich bis auf 0,41 Euro steigen.

Sicher wussten Sie auch schon vorher, dass Sie Kosten sparen könnten, wenn Sie Ihre Auftragsgrößen erhöhen könnten, aber waren Sie sich auch über die Dimension im Klaren? Natürlich können Sie Ihre Kunden nicht zwingen, das Brötchen für morgen schon heute einzukaufen, damit Ihre Verkäufer/innen sie nicht zwei Mal bedienen müssen, aber vielleicht fallen Ihnen ja ein paar Anreize ein wie Mengenrabatte oder Ähnliches. Also auch hier gilt das, was schon oben gesagt wurde: Was Sie mit dem Ergebnis dieser Berechnung anfangen, ist allein Ihre Entscheidung und Ihre Verantwortung.

9 Abteilungsübergreifende Prozesse

Checkpoint 8

Wenn Sie sich entscheiden, die Prozesskostenrechnung für mehrere Abteilungen einzuführen, gleichzeitig oder Schritt für Schritt nacheinander, werden die Hauptprozesse auch abteilungsübergreifend definiert. Das ist ein wesentlicher Unterschied zu der traditionellen Vorgehensweise, bei der für jede Kostenstelle getrennt ein eigener Zuschlagsatz ermittelt wird.

Der Hauptprozess „Auftrag für schwierige Kunden abwickeln" aus dem Beispiel oben besteht nicht nur aus Teilprozessen, die in der Beschaffungsabteilung abgewickelt werden, sondern es sind außerdem die Vertriebsabteilung, die allgemeine Verwaltung und andere Abteilungen betroffen. Die Zusammenstellung des Hauptprozesskostensatzes erfolgt also Abteilung für Abteilung. In jeder Abteilung werden die Teilprozesse zusammen gesucht, die für den Hauptprozess relevant sind. Das könnte in der Verwaltung z. B. die Rechnungserstellung für den Kunden sein oder im Vertrieb die Angebotserstellung usw. Sie stellen fest, wie oft jeder dieser Teilprozesse pro Auftrag durchlaufen wird und addieren anschließend alle mit der Menge gewichteten Teilprozesskostensätze zum Hauptprozesskostensatz.

Beispiel: Zusammenstellung eines abteilungsübergreifenden Hauptprozesses

Abteilungsübergreifender Hauptprozesskostensatz			
Teilprozess	**Teilprozess-kostensatz**	**Häufigkeit**	**Hauptprozess-kostensatz**
Beschaffung			
Angebot einholen	31,25	3	93,75
Preisvergleich erstellen	62,50	3	187,50
Eingangsrechnung prüfen	62,50	1,5	93,75
Vertrieb			
Angebot erstellen	100,00	2	200,00
...	...	...	...
...	...	...	...
...	...	...	...

Abteilungsübergreifender Hauptprozesskostensatz			
Teilprozess	**Teilprozess-kostensatz**	**Häufigkeit**	**Hauptprozess-kostensatz**
Verwaltung			
Ausgangsrechnung erstellen	50,00	1	50,00
...	...	...	...
...	...	...	...
...	...	...	...
Gesamt			**2.033,50**

Der Hauptprozesskostensatz addiert sich in diesem fiktiven Beispiel auf 2.033,50 Euro.

Auch wenn Sie, wie in dem vorhergehenden fiktiven Beispiel Teilprozesskosten über mehrere Abteilungen addiert haben, heißt das noch nicht zwangsläufig, dass Sie **die** Kosten der Auftragsabwicklung erfasst haben. Sie haben die Gemeinkosten erfasst, die in den Abteilungen Beschaffung, Vertrieb und Verwaltung dafür entstehen. Sollten an anderer Stelle weitere Gemeinkosten für die Auftragsabwicklung entstehen, wie z. B. in der Arbeitsvorbereitung, im Lager etc., müssten diese Kosten ebenfalls erfasst werden, um die gesamten Gemeinkosten der Auftragsabwicklung zu erfassen.

Die meisten Unternehmen beschränken die Prozesskostenrechnung auf die Abteilungen, für die sie mehr Transparenz in der Kostenstruktur benötigen oder die einfach besonders hohe Kosten verursachen.

Das Beispiel der Beschaffungsabteilung ging davon aus, dass der größte Teil der Kosten der Abteilung Personalkosten sind. In diesem Fall macht es Sinn, die Kosten entsprechend der zeitlichen Inanspruchnahme der Mitarbeiter auf die Prozesse zu verteilen. Handelt es sich bei den Kosten überwiegend oder zumindest zu einem großen Teil um Sachkosten wie Abschreibungen, Materialkosten und ähnliches, müssten neue Bezugsgrößen gefunden werden, die garantieren, dass sich die Gemeinkosten proportional zu der Bezugsgröße verhalten.

Zusammenfassung:

Die Prozesskostenrechnung ist ein aufwändiges Instrument zur Verbesserung der Kostentransparenz. Ihr Einsatz ist nur empfehlenswert, wenn dadurch Erkenntnisse gewonnen werden können, die zu einer wesentlichen Verbesserung des Unternehmensergebnisses führen. So ist es möglich, mithilfe der Prozesskostenrechnung die Entscheidung über ein Outsourcing abzusichern, die Preiskalkulation zu verfeinern und nicht zuletzt Prozessabläufe zu optimieren. Im Gegensatz zur traditionellen Kalkulation werden Aufträgen durch die Prozesskostenrechnung auch abteilungsübergreifende Prozesskosten zugerechnet, die es ermöglichen, Auftragsgrößen neu zu bestimmen.

Checkliste L

Checkliste L: Prozesskostenrechnung
1. Definition der Tätigkeiten (Prozesse)
2. Verteilen der Kosten auf die Prozesse
3. Festlegen der Kostentreiber
4. Ermitteln der Prozessmengen und Prozesskostensätze
5. Verrechnen der Kosten von Prozessen ohne Kostentreiber
6. Ermitteln der Prozesskostensätze für Hauptprozesse
7. Ermitteln der optimalen Auftragsgröße
8. Erfassen von abteilungsübergreifenden Hauptprozessen

M Das Controlling organisieren

Haben Sie schon einmal eine Wildwasserfahrt mit dem Schlauchboot gemacht? Wenn nicht, müssen Sie das unbedingt ausprobieren. Es ist ein Höllenspaß und dennoch ein relativ gut kontrollierbares Abenteuer. Üblicherweise bestehen die Teams in den Schlauchbooten aus einem erfahrenen Teamleiter und vier bis acht weiteren Personen, die meistens eher unerfahren sind. Bevor es los geht, werden die Gäste an einer ruhigen Stelle des Wildwassers eingewiesen. Es wird ein kleines Mann-über-Bord-Manöver geübt, man lernt, wie man nach links und nach rechts paddelt und wie man sich in der Mitte des Boots mit hochgestellten Paddeln niederkauert, wenn es in rasender Geschwindigkeit einfach nur noch geradeaus geht. Im englischsprachigen Raum lauten die entsprechenden Befehle des Teamleiters dazu: „Right Paddle!", „Left Paddle!" und „Paddle, Team, Paddle!"

Im Laufe der Zeit begreift man, dass diese Befehle sehr notwendig sind und dass sie auch befolgt werden sollten. Der Teamleiter kommt nämlich nicht gegen vier Personen an, die in die falsche Richtung steuern, ob nun mit Absicht oder aus Versehen.

Es muss klar sein, wer die Ansage macht. Und es ist wichtig, dass alle dieser Ansage folgen. Doch das funktioniert nur, wenn alle den Teamleiter für kompetent halten und die Konsequenzen für den, der sich nicht an die Ansage hält, ebenfalls klar sind.

Auch ein Unternehmen muss wie ein Team organisiert sein, wenn es gut funktionieren soll. Bezogen auf das Controlling, ist es notwendig, deutlich zu machen, welche Kompetenzen es hat, welche Informationen es von anderen benötigt und welche Informationen es an andere weitergibt.

Wie das Controlling in die Gesamtorganisation des Unternehmens eingeordnet wird, hängt von der Größe des Unternehmens ab. Für Einzelunternehmer stellt sich die Frage der Organisation z. B. gar nicht. Sie erledigen „den Job" selbst. In kleinen Unternehmen mit wenigen Mitarbeitern wird die Aufgabe des Controlling wahrscheinlich vom Inhaber/Geschäftsführer selbst ausgeübt. Er delegiert lediglich die Datenbeschaffung und lässt sich vielleicht von seinem Unternehmensberater oder Steuerberater dabei helfen. Oder er liest dieses Buch!

Für größere Unternehmen, in denen eine Person oder eine ganze Abteilung für das Controlling zuständig ist, stellen sich zwei Fragen:

1. Wer soll die Aufgaben des Controlling erfüllen?
2. Welche Kompetenzen soll(en) diese Person(en) haben?

1 Was wird vom Controller erwartet?

Häufig wird in Unternehmen zwar der Bedarf für ein Controlling festgestellt. Anstatt einen neuen Mitarbeiter einzustellen, werden aber altgediente Mitarbeiter „zu Controllern gemacht“, weil es sich um eine Vertrauensposition handelt. Die Vorteile einer solchen Entscheidung liegen auf der Hand: Der Mitarbeiter ist bereits im Unternehmen bekannt, genießt eine gewisse Stellung, kennt das Unternehmen und dessen andere Mitarbeiter gut und braucht deshalb in die Gepflogenheiten nicht neu eingewiesen zu werden.

Diese Vorteile können sich aber auch zu Nachteilen verkehren: Stellen Sie sich vor, Sie machen einen „knallharten Einkäufer“ zum Controller, der einfühlsam und ausgleichend Sitzungen zwischen Einkauf, Vertrieb, Produktion und anderen moderieren soll. Oder der perfekte Buchhalter, der immer darauf achten musste, dass Ihre Bilanz auf den Cent genau stimmt, soll jetzt auch einmal „Fünfe gerade sein lassen“ und „über den dicken Daumen schätzen“. Wahrscheinlich wird ihm das nicht gelingen. Die Tatsache, dass einem altgedienten Mitarbeiter das Unternehmen gut vertraut ist, kann außerdem dazu führen, dass er „betriebsblind“ ist und notwendige Änderungen nicht mehr erkennt. Es sollte darauf geachtet werden, dass die Persönlichkeit des Controllers für diesen Beruf geeignet ist und er nicht nur gut mit Zahlen umgehen kann.

In jedem Fall ist es wichtig, dass der Controller eine kommunikative Persönlichkeit ist. Er sollte in der Lage sein, mit allen Mitarbeitern ins Gespräch zu kommen. Er braucht das Vertrauen der Mitarbeiter, um die benötigten Informationen von ihnen zu bekommen. Er muss Sitzungen mit unterschiedlichen Menschen aus unterschiedlichen Bereichen moderieren können. Und er sollte aus jedem Bereich zumindest so viele Kenntnisse mitbringen, dass er versteht, was ihm die Mitarbeiter mitteilen, und dass er die richtigen Fragen stellen kann.

2 Das Controlling in die Unternehmensorganisation einbinden

Je größer das Unternehmen ist, desto mehr Mitarbeiter sind alleine für das Controlling zuständig. Es stellt sich die Frage, wie man diese Controlling-Abteilung in die Gesamtorganisation integriert. Dazu gibt es drei Vorschläge, die in den folgenden drei Abbildungen dargestellt sind.

1. Controlling als Stabsstelle

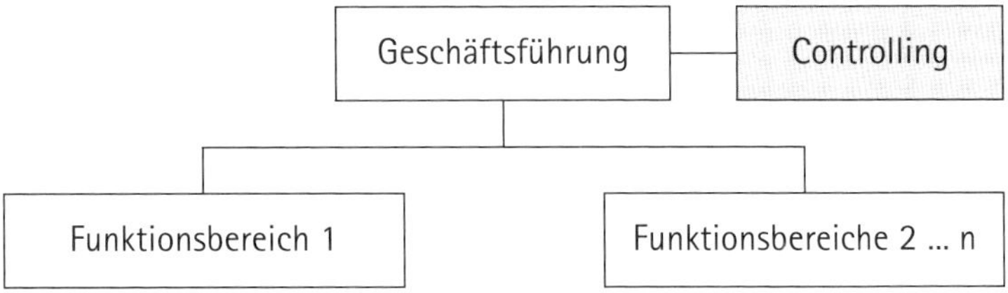

2. Controlling als Linienfunktion

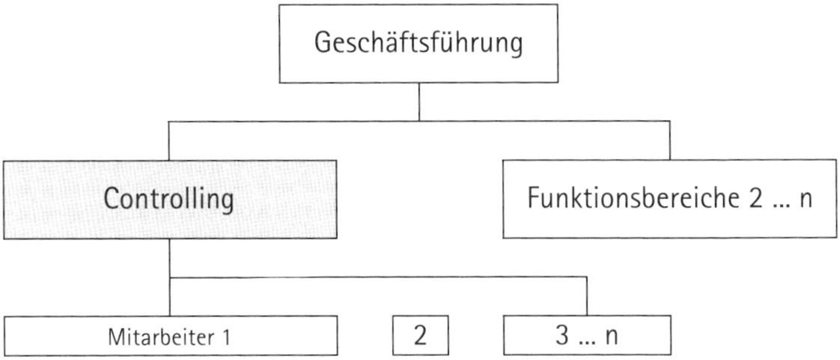

3. Controlling in einer Matrixorganisation

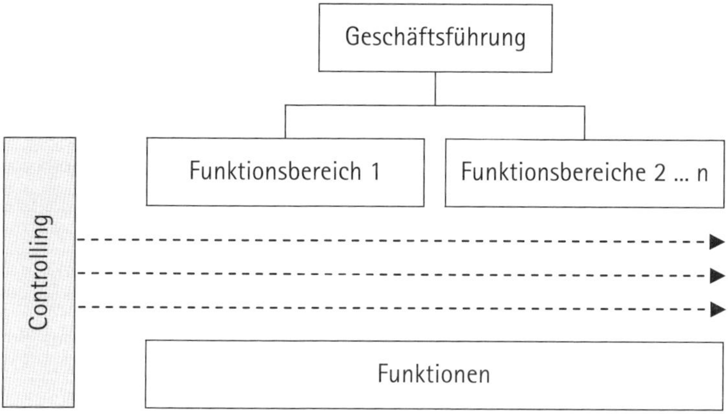

Im ersten Fall ist die hochrangige Zuordnung des Controlling am deutlichsten: Das Controlling bildet eine Stabsstelle und berichtet direkt an die Geschäftsführung. Es hat aber keine Weisungsbefugnis gegenüber den Funktionsbereichen des Unternehmens. Ein Nachteil könnte darin bestehen, dass das Controlling zu weit von den Funktionsbereichen entfernt ist und daher zu wenig von deren Tätigkeiten versteht, um seine Aufgaben ausfüllen zu können.

Im zweiten Fall stellt das Controlling „nur" einen von vielen Funktionsbereichen neben Marketing, Vertrieb, Produktion etc. dar. Ein Vorteil besteht darin, dass es damit nicht – wie im ersten Fall – „zu hoch aufgehängt" ist. Dieser Vorteil kann zugleich ein Nachteil sein, da die Besonderheit der Controlling-Funktion, die funktionsbereichsübergreifend arbeiten soll, nicht berücksichtigt wird.

Die dritte Variante ist dann vorzuziehen, wenn das Unternehmen mehrere klar voneinander getrennte Sparten hat oder nach Projekten organisiert ist. In diesem Fall müssen die Controller auch individuell nach Sparten oder Projekten eingesetzt werden können. Sie brauchen Spezialwissen, das ein zentrales Controlling meist nicht leisten kann. Hier könnten die Controller sogar im selben Raum mit den Projektleitern zusammenarbeiten. Ein Nachteil könnte darin bestehen, dass der einzelne Controller eine Art „Lagerdenken" entwickelt, nur noch die Interessen der eigenen Sparte oder Projekte vertritt und die Gesamtübersicht verliert. Daher ist zusätzlich immer eine zentrale koordinierende Stelle einzurichten.

Bei allen drei Varianten bestimmt das Controlling – in Absprache mit der Geschäftsführung –, welche Daten es von den entsprechenden Stellen wie Buchhaltung, Vertrieb, Produktion etc. benötigt. Die Aufbereitung der Daten erfolgt automatisiert oder manuell durch das Controlling selbst. Auch die Interpretation wird vom Controlling vorgenommen. Die Geschäftsführung wird weitgehend entlastet und bekommt die Ergebnisse, gut lesbar aufbereitet und mit Handlungsempfehlungen versehen, durch das Controlling präsentiert.

Der Einfluss des Controlling in einem Unternehmen kann sehr groß sein. Der oder die Controller tragen eine entsprechend große Verantwortung. Auch wenn sie letztlich keine Ergebnisverantwortung, sondern „nur" die Verantwortung für die Ergebnistransparenz tragen, muss klar sein, dass eine fehlerhafte Darstellung von Daten, die zu einer Fehlentscheidung führt, auch dem Controller angelastet wird – und das zu Recht.

Zusammenfassung:

Die Person des Controllers muss vielfältige Kenntnisse und Eigenschaften besitzen, um ihre Aufgabe gut erfüllen zu können. Daher ist auf die Auswahl des oder der Controller(s) viel Zeit zu verwenden.

In mittelgroßen und großen Unternehmen sind ganze Abteilungen für das Controlling zuständig. Wie diese Abteilungen in die gesamte Unternehmensorganisation eingebunden werden, hängt von der bestehenden Organisationsform des Unternehmens ab und von der Vorstellung der Geschäftsführung, welche Rolle das Controlling im Unternehmen haben soll.

In jedem Fall kann das Controlling großen Einfluss auf die Unternehmensführung nehmen, da es die Daten selbst aufbereitet und entsprechende Empfehlungen gibt. Die Verantwortung des Controllers ist daher groß, auch wenn er letztlich keine Ergebnisverantwortung, sondern nur die „Ergebnistransparenz-Verantwortung" trägt.

Schlusswort

Wenn Sie an diesem Kapitel angelangt sind, haben Sie eine Vorstellung darüber gewonnen, was Controlling ist. Vielleicht haben Sie sich die wesentlichen Grundlagen erarbeitet, um in Ihrem Unternehmen ein Controlling einzuführen oder bestehende Controlling-Instrumente auszubauen.
Ich wünsche mir, dass Sie mit dem Aufbau des „Schnelleinstieg Controlling“ gut zurechtgekommen sind. Wie ich schon in der Einleitung angekündigt habe, brauchen Sie das Buch nicht von Anfang bis Ende durchzuarbeiten. Sie können sich immer das Kapitel herausgreifen, das Ihnen im Moment gerade wichtig ist.
Ich würde mich sehr freuen, wenn Ihnen dieses Buch gute Dienste geleistet hat und weiterhin leisten wird. Für Anregungen sind der Verlag und ich immer dankbar.
Ich wünsche Ihnen weiterhin viel Erfolg bei der Umsetzung!

Literaturverzeichnis

Freidank, C.-C. und Mayer, E. (Hrsg.): Controlling-Konzepte. Neue Strategien und Werkzeuge für die Unternehmenspraxis, 6. Auflage, Wiesbaden 2003.

Friedag, H. R. und Schmidt, W.: My Balanced Scorecard. Planegg 2007.

Gadatsch, A. und Mayer, E.: Masterkurs IT-Controlling. Grundlagen und strategischer Stellenwert – IT-Kosten- und Leis-tungsrechnung in der Praxis, 3. Auflage. Wiesbaden 2006.

Horváth & Partners: Das Controllingkonzept. Der Weg zu einem wirkungsvollen Controllingsystem, 6. Auflage, München 2009.

Preißler, P. R.: Controlling. Lehrbuch und Intensivkurs, 13. Auflage, München 2007.

Preißner, A.: Praxiswissen Controlling. Grundlagen, Werkzeuge, Anwendungen, 5. Auflage, München 2007.

Reichmann, Thomas: Controlling mit Kennzahlen und Management-Tools, 7. Auflage, München 2006.

Remer, D.: Einführen der Prozesskostenrechnung, Stuttgart 2005.

Schmidt, A.: Kostenrechnung. Grundlagen der Vollkosten-, Deckungsbeitrags- und Plankostenrechnung sowie des Kostenmanagements, 5. Auflage, Stuttgart 2008.

Schröder, E. F.: Modernes Unternehmens-Controlling. Handbuch für die Unternehmenspraxis, 8. Auflage, Ludwigshafen 2003.

Schroeter, B.: Operatives Controlling. Aufgaben, Objekte, Instrumente, Wiesbaden 2002.

Struck, U.: Geschäftspläne, 3. Auflage, Stuttgart 2001.

Tanne, Markus: Kostenrechnung, Stuttgart 2001.

Vollmuth, H. J.: Controlling-Instrumente von A-Z. 31 ausgewählte Werkzeuge zur Unternehmenssteuerung, 7. Auflage, Planegg 2007.

Wagner, R.: Unternehmensführung, Stuttgart 2001.

Stichwortverzeichnis

Notizen

Notizen

Haufe Praxisratgeber
Jörg Wöltje (Hrsg.)
Bilanzen
lesen – verstehen – gestalten
10. Auflage
• Bilanzanalyse und Bilanzkritik für die Praxis
Bilanzen nach BilMoG
HAUFE.

Haufe Praxisratgeber
Gertrud K. Deffner
Schnelleinstieg BWA
Die Betriebswirtschaftliche Auswertung lesen, beurteilen und erstellen
3. Auflage
• Die wichtigsten Kennzahlen auswerten
• Rentabilität und Liquidität gezielt steuern
Auf CD-ROM: Muster-BWAs, Präsentationen, Kennzahlenrechner, Checklisten
Haufe